职业教育数字化设计与制造技术专业系列教材

NX三维设计与数控多轴加工

主　编　虞　俊

副主编　周　晶　钟　璞

参　编　宋　波　胡　刚　蒋浩波

机械工业出版社

本书从三维建模和数控加工的应用和实践出发，通过八个项目、数十个案例，详细介绍了 NX 三维设计与数控多轴加工。本书主要内容包括 NX 草图绘制与约束、基于特征操作的三维建模、基于曲线曲面的产品设计、平面铣削加工、型腔铣与固定轮廓铣加工、3+2 定向孔系加工、五轴联动加工工艺鼎、叶轮的加工等。本书有课程网站，书中嵌有二维码操作视频，可供读者网络在线学习与用手机扫描观看，书中的加工实例源文件，可登录 www.cmpedu.com 网站（机械工业出版社教育服务网），注册、免费下载。

本书可作为高等职业院校数字化设计与制造技术专业、数控技术专业学生用书，也可作为相关专业的中职学生及广大使用 NX 软件的工程技术人员用书。

图书在版编目（CIP）数据

NX 三维设计与数控多轴加工 / 虞俊主编 . —北京：机械工业出版社，2023.12

职业教育数字化设计与制造技术专业系列教材

ISBN 978-7-111-73759-9

Ⅰ.① N… Ⅱ.①虞… Ⅲ.①计算机辅助设计 – 应用软件 – 教材 ②数控机床 – 程序设计 – 教材 Ⅳ.① TP391.72 ② TG659

中国国家版本馆 CIP 数据核字（2023）第 161948 号

机械工业出版社（北京市百万庄大街 22 号　邮政编码 100037）

策划编辑：汪光灿　　　　　　　责任编辑：汪光灿　赵晓峰
责任校对：李　婷　薄萌钰　　　封面设计：张　静
责任印制：常天培

北京铭成印刷有限公司印刷

2023 年 12 月第 1 版第 1 次印刷

184mm×260mm・18 印张・435 千字

标准书号：ISBN 978-7-111-73759-9

定价：57.00 元

电话服务　　　　　　　　　　网络服务

客服电话：010-88361066　　机　工　官　网：www.cmpbook.com
　　　　　010-88379833　　机　工　官　博：weibo.com/cmp1952
　　　　　010-68326294　　金　书　网：www.golden-book.com
封底无防伪标均为盗版　　机工教育服务网：www.cmpedu.com

前　言

　　NX 是面向制造行业的 CAD/CAM/CAE 高端软件，是当今世界上先进和流行的工业设计软件之一。它集合了概念设计、工业造型设计、三维模型设计、分析与加工制造等功能，实现了优化设计与产品生产过程的组合，广泛应用于机械、汽车、模具、航空航天、医疗仪器等各个行业。学习和掌握 NX 软件是机电类高技能人才一项重要的专业能力。

　　党的二十大报告指出"实施科教兴国战略，强化现代化建设人才支撑"，将"大国工匠"和"高技能人才"纳入国家战略人才行列。本书遵循这一重要精神，从工程应用的角度，以实际企业案例为导向，依托江苏省高水平专业群平台课程，围绕专业群人才培养方案和企业的实际需求，确定素质目标为提升学生的专业认同、家国情怀和社会责任；培养学生的工匠精神、创新思维和团队合作精神；技能目标为掌握 NX 的 CAD 与 CAM 模块中的概念、功能和应用；通过本书的学习，能进行较为复杂产品的创新设计，能掌握数控五轴加工的工艺设计与程序编制。

　　本书共分八个项目，依次介绍了 NX 草图绘制与约束、基于特征操作的三维建模、基于曲线曲面的产品设计、平面铣削加工、型腔铣与固定轮廓铣加工、3+2 定向孔系加工、五轴联动加工工艺鼎、叶轮的加工等内容。每个项目又分为若干个任务，在每个任务的讲解过程中，均做到了知识点与操作实例的有机结合。每个任务均配套了详细的视频讲解。

　　本书由常州工业职业技术学院虞俊任主编；常州工业职业技术学院周晶、常州纺织服装职业技术学院钟璞任副主编；常州信息职业技术学院宋波、胡刚及中车戚墅堰机车有限公司蒋浩波参与编写。具体编写分工如下：虞俊编写项目 3、项目 7；周晶编写项目 4、项目 6；钟璞编写项目 5 和附录；宋波编写项目 1，胡刚编写项目 8，蒋浩波编写项目 2。全书由虞俊统稿。

　　由于编者水平有限，书中难免有不足之处，恳请读者指正并提出宝贵的意见。

编　者

二维码索引

（续）

名称	图形	页码	名称	图形	页码
4-1 平面铣削实例		131	7-1 五轴联动加工工艺鼎		232
5-1 型腔铣与固定轮廓铣实例		185	8-1 叶轮的加工		264
6-1 多轴定向加工液压球阀		205			

目　录

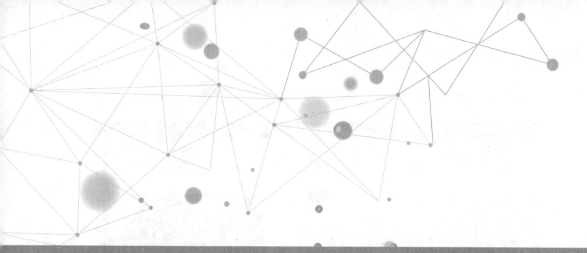

项目 1 NX 草图绘制与约束

1.1 NX CAD 通用知识

1.1.1 文件管理

1. 新建文件

双击计算机桌面或"开始"菜单中的图标 NX 12.0，启动 NX 12 软件，弹出如图 1-1 所示的 NX 12 起始界面。

图 1-1 NX 12 起始界面

单击图 1-1 所示主菜单栏中的"文件"→"新建"命令，或直接单击工具栏中的"新建"图标，或使用快捷键 <Ctrl+N> 新建文件，弹出如图 1-2 所示的"新建"对话框。该对话框提供了"模型""图纸""仿真""加工"等选项卡。系统默认为"模型"选项卡，"单位"默认为"毫米"。

在"名称"文本框中输入新文件名，在"文件夹"文本框中直接输入文件夹路径，或单击对应的图标🗁选择文件保存路径，单击"确定"按钮，完成文件的新建。

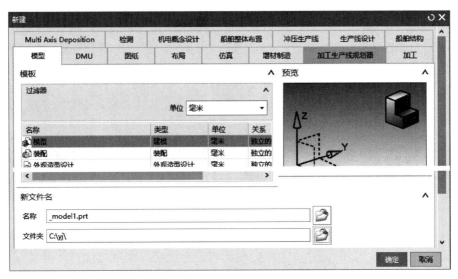

图 1-2 "新建"对话框

2. 打开文件

单击主菜单栏中的"文件"→"打开"命令，或单击工具栏中的"打开"图标🗁，或使用快捷键 <Ctrl+O>，打开如图 1-3 所示的"打开"对话框。

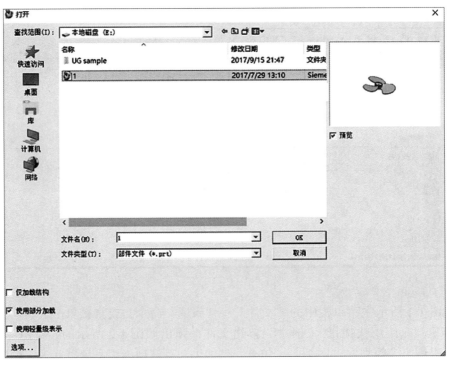

图 1-3 "打开"对话框

该对话框中的 ☑ 预览 复选按钮在默认状态下被选中，可在右上部预览选中的文件图形，利用此功能可以预览部件文件，以避免打开其他的部件文件。

该对话框左下方有"仅加载结构""使用部分加载""使用轻量级表示"三个复选按钮，这一般适用于大型装配件。选中"仅加载结构"时，只加载装配时各个零部件的关系，部件加载完成后，可以选择需要显示的若干零部件为工作部件，这样加载速度就很快。选中"使用部分加载"或"使用轻量级表示"时，只加载部分数据，这样也可以提高加载速度。

3. 关闭文件

单击主菜单栏中的"文件"→"关闭"命令，打开如图 1-4 所示的子菜单，单击子菜单中的"选定的部件"命令，打开如图 1-5 所示的"关闭部件"对话框。

在"关闭部件"对话框中，选中"顶层装配部件"，表示文件列表中只列出顶层装配文件，而不列出装配中包含的组件；选中"会话中的所有部件"，表示文件列表中列出当前进程中的所有文件；选中"仅部件"，表示仅仅关闭所选中的文件；选中"部件和组件"，表示关闭与选中部件相关的所有组件文件；单击"关闭所有打开的部件"按钮，表示关闭所有的文件。

图 1-4　"关闭部件文件"子菜单

图 1-5　"关闭部件"对话框

4. 文件的保存与另存为

单击主菜单栏中的"文件"→"保存"命令，打开如图 1-6 所示的子菜单，子菜单中包含"保存""仅保存工作部件""另存为""全部保存"等选项。需要说明的是，当选择"另存为"选项时，会弹出"另存为"对话框，如图 1-7 所示。在该对话框中，不但可以重新命名文件名，还可以将文件保存为 IGES、STEP、DXF 等其他类型。

图 1-6 "保存"子菜单

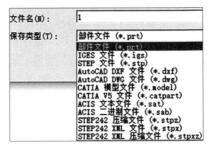

图 1-7 "另存为"对话框（部分）

5. 文件的导入与导出

NX 12 具有强大的数据交换能力，支持丰富的交换格式，不仅有 STEP203、STEP214、IGES 等通用格式，还有与 Pro/E、CATIA 交换数据的专用格式。

单击主菜单栏中的"文件"→"导入"/"导出"命令，可以实现 NX 与其他造型软件之间的数据转换。

1.1.2 NX 12 CAD 主界面介绍

如图 1-8 所示，NX 12 CAD 主界面主要由标题栏、主菜单栏、工具栏、内置菜单栏、绘图区、状态提示栏和资源导航器等部分组成。

1. 标题栏

标题栏位于 NX 12 用户界面最上方，用来显示软件名称及版本号，以及当前使用模块和文件名等信息。

2. 主菜单栏

主菜单栏位于标题栏下方。每个菜单栏标题对应一个 NX 12 的功能类别。在建模工作环境中，它们分别是文件、主页、装配、曲线、曲面、分析、视图、渲染、工具、应用模块。

每个菜单都提供了一组各不相同的对应工具栏，用户可以根据需要在不同菜单中进行切换。

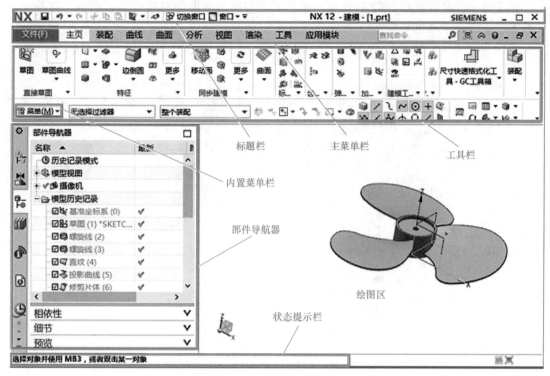

图 1-8　NX 12 CAD 主界面

3. 工具栏

选择不同的菜单后，NX 12 在其下方会提供一组常用的工具栏。用户单击工具栏中的各个图标，可以实现相应功能操作。

由于 NX 12 功能强大，工具栏中仅默认列出最常用的一些功能。图 1-9a 所示为"特征"工具栏中的一些功能图标。单击各功能下方的下三角按钮，可以选择与之相近的同组功能图标，如图 1-9b 所示。单击"更多"对应的下三角按钮，可找到"特征"工具栏中所有的功能图标，如图 1-9c 所示。单击"特征"工具栏右下方的下三角按钮，可对工具栏进行定制。

4. 内置菜单栏

单击工具栏下方的"菜单"按钮，选择相应的命令，弹出如图 1-10 所示的内置菜单栏。NX 12 的内置菜单栏与 NX 8 及之前版本的主菜单相同。习惯使用较老版本的用户，可以在内置菜单栏中便捷地找到 CAD 模块中的全部功能指令。

5. 绘图区

绘图区是 NX 12 创建、显示和编辑图形的区域，也是进行结果分析和模拟仿真的窗口，相当于工程人员平时使用的绘图板。

6. 状态提示栏

状态提示栏默认在界面的左下方，显示关于当前选项期待的输入提示信息。这些信息指示下一步需要采取的操作。

a)

b)

c)

图 1-9 "特征"工具栏

7. 资源导航器

资源导航器用于浏览编辑创建的草图、基准平面、特征和历史记录等。在默认情况下，资源导航器位于窗口的左侧。通过选择资源导航器上的图标可以调用装配导航器、部件导航器、操作导航器、重用库、角色设置等。

图 1-10　内置菜单栏

1.1.3　快捷键介绍

1. 鼠标的用途

标准三键鼠标分为左键（MB1）、中键（MB2）和右键（MB3）。鼠标的常用功能见表 1-1。

表 1-1　鼠标的常用功能

鼠标按键	用途
MB1	选择和拖动对象
MB2	操作中的"确定"按钮。在图形区中按下并拖动可以旋转视图
滚动 MB2	缩放视图
长按 MB3	旋转视图
Shift+MB2	平移视图
在图形区的 MB3	显示快速视图弹出菜单，也为用 MB1 选择的对象显示动作信息
在文本加入域中的 MB3	显示"剪切 / 复制 / 粘贴"弹出菜单
在一个列表中的 Shift+MB1	在绘图工作区中表示取消选取一个对象，在列表框中表示选取一个连续区域所有选项
在一个列表中的 Ctrl+MB1	可在列表框中重复选取其中的选项

2. 功能键的使用

在 NX 12 环境中，用户除了可以使用鼠标进行操作外，还可以使用键盘上的按键来进行系统的设置与操作。用户使用功能键是为了加快操作，提高效率，各命令的快捷键都在菜单命令后面加了标识符。例如，<Ctrl+Alt+M> 就是常用的快捷键，其功能是进入"加工"模块。常用的功能键有：

1）回车键：对应对话框中的"确定"按钮。

2）<Tab> 键：光标位置切换功能键，它以对话框中的分隔线为界，每按一次 <Tab>键，系统就会自动以分隔线为准，将光标往下循环切换。

3）箭头键：在单个显示框内移动光标到单个的单元，如下拉菜单的选项。

1.1.4 常用工具介绍

1. 类选择器

在 NX 各模块的使用过程中，经常需要选择对象。当工作区域中图素较多时，通过限制选择对象的类型、图层、颜色及其他选项，类选择器可以快速地选择对象，方便用户操作。类选择器经常出现在"删除""隐藏""变换"等命令中。

当需要选择对象时，系统将弹出如图 1-11a 所示的"类选择"对话框。当图形不复杂时，用户可直接拾取所需对象；当图形比较复杂时，可通过过滤器来限制所需选择对象的类型、图层、颜色及其他选项，以提高选择速度。

单击图 1-11a 中的"类型过滤器"图标 ，弹出如图 1-11b 所示的"按类型选择"对话框，类型的种类可以在列表中指定。在对话框的下端，有"细节过滤"按钮，单击此按钮可以对类型进一步限制。

单击图 1-11a 中的"图层过滤器"图标 ，弹出如图 1-11c 所示的"根据图层选择"对话框，通过指定对象所在图层来限制选择范围。

单击图 1-11a 中的"颜色过滤器"图标 ，弹出如图 1-11d 所示的"颜色"对话框，通过指定对象的颜色来限制选择范围。

单击图 1-11a 中的"属性过滤器"图标 ，弹出如图 1-11e 所示的"按属性选择"对话框，通过指定对象的属性来限制选择范围。

2. 点构造器

在 NX 操作过程中，经常会遇到需要指定一个点的情况，系统通常会自动弹出如图 1-12a 所示的"点"对话框，可在此对话框中创建点。单击"类型"下拉列表框弹出如图 1-12b 所示的"点类型"列表。

除了用上述方式创建点外，还可在图 1-12a "输出坐标"处直接输入点的 X、Y、Z 坐标值来创建一个新点。

3. 基准轴

在拉伸、回转和定位等操作过程中，常用辅助的基准轴来确定其他特征的生成位置。单击"特征"工具栏中的"基准轴"图标 ，弹出如图 1-13a 所示的"基准轴"对话框，单击"类型"下拉列表框弹出如图 1-13b 所示的"基准轴"创建列表。

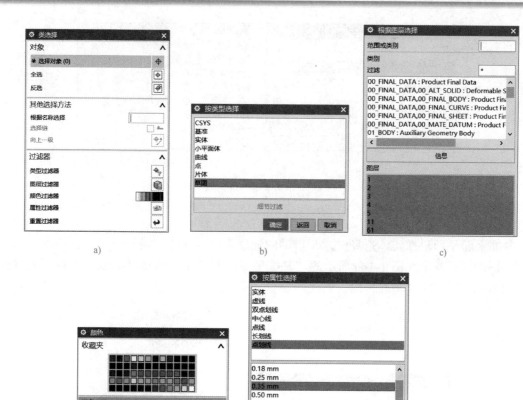

a)

b)

c)

d)

e)

图 1-11 类选择器

a)

b)

图 1-12 点构造器

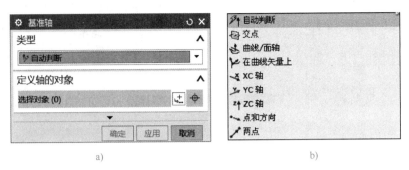

a)   b)

图 1-13 "基准轴" 对话框

4. 基准平面

基准平面是用户在实体造型时常常借助的辅助平面，单击 "特征" 工具栏中的 "基准平面" 图标 口，弹出如图 1-14a 所示的 "基准平面" 对话框，单击 "类型" 下拉列表框弹出如图 1-14b 所示的 "基准平面" 创建列表。

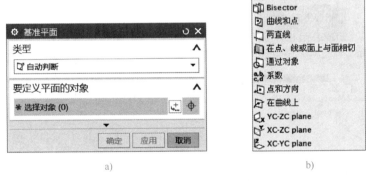

a)   b)

图 1-14 "基准平面" 对话框

5. 基准坐标系

在用户操作过程中，常用基准坐标系来建立一些辅助的坐标系。单击 "特征" 工具栏中的 "基准坐标系" 图标 ，弹出如图 1-15a 所示的 "基准坐标系" 对话框，单击 "类型" 下拉列表框弹出如图 1-15b 所示的 "基准坐标系" 创建列表。

6. 对象的删除、隐藏与显示

（1）对象的删除　单击内置菜单栏中的 "编辑" → "删除" 命令（或单击 "标准" 工具栏中的 "删除" 图标 ），弹出如图 1-11a 所示的 "类选择" 对话框，拾取需删除的对象并确认即可。

（2）对象的隐藏与显示　单击内置菜单栏中的 "编辑" → "显示和隐藏" 命令，弹出如图 1-16 所示的子菜单，单击子菜单中的 "隐藏" 命令，弹出 "类选择" 对话框，拾取所需隐藏的对象并确认即可。

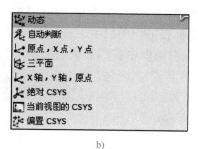

a)   b)

图 1-15 "基准坐标系"对话框

单击内置菜单栏中的"编辑"→"反转显示和隐藏"命令，工作区内原本显示的对象被隐藏，原本隐藏的对象显示出来。

单击内置菜单栏中的"编辑"→"显示"命令，弹出"类选择"对话框，拾取需显示的原本被隐藏对象即可。

单击内置菜单栏中的"编辑"→"全部显示"命令，工作区所有的对象均被显示。

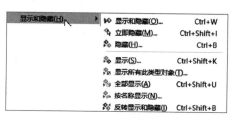

图 1-16 "显示和隐藏"子菜单

1.1.5 图层管理

图层的管理功能是将不同的特征或对象放置到不同的图层中，通过设置图层中对象显示或隐藏来管理各种复杂的图形零件。NX 12 提供了 256 个图层供用户使用，图层的使用对用户的绘图工作有很大的帮助。用户可以设置图层的名称、分类、属性和状态等，也可以进行有关图层的一些编辑操作。

单击主菜单栏中的"视图"，系统弹出如图 1-17 所示的"图层操作"工具栏。

图 1-17 "图层操作"工具栏

1. 图层的设置

单击"图层设置"图标 ，弹出如图 1-18 所示的"图层设置"对话框。图层设置的目的是将不同的内容设置在不同的图层中。该对话框中包括图层的编辑、图层的显示和选择、工作图层的设置等。

图层的状态有：设为可选、设为工作图层、设为仅可见、设为不可见四种。选择需要设置的图层（一个或多个），即可设置为上述四种状态。工作图层是可选择的，所有新创建的对象都在工作图层上，任何时候都必须有一层为工作图层，工作图层也是唯一的。"图层设置"对话框中各部分说明见表 1-2。

图 1-18 "图层设置"对话框

表 1-2 "图层设置"对话框中各部分说明

组成部分	说明
工作图层	在对应的文本框中输入图层号并确认，该图层被设置为工作图层
按范围 / 类别选择图层	在对应的文本框中输入图层的范围或类别并确认，系统在列表框中列出相应的图层
设为可选	图层设置为此状态时，该图层号的左侧方框内出现小红对勾，系统允许用户选取该图层上所有的元素
设为工作图层	图层设置为此状态时，该图层被设置为工作图层
设为仅可见	图层设置为此状态时，该图层只能显示，不能选择或编辑
设为不可见	图层设置为此状态时，该图层号的左侧方框内空白，系统会在工作区隐藏该图层中的对象
显示	单击右侧的下三角按钮，弹出的列表中有"所有图层""含有对象的图层""所有可选图层"三个选项，用户可根据不同的显示要求，选择相应的选项

2. 移动至图层

移动至图层是指将对象从一个图层移动至另一个图层。单击"移动至图层"图标 ,

弹出"类选择"对话框，拾取要移动的对象并确认，弹出如图 1-19 所示的"图层移动"对话框，用户可在"目标图层或类别"文本框中输入想要移至的图层，也可从"图层"列表中选择相应的图层，单击"确定"按钮后所选对象即移至指定的图层。

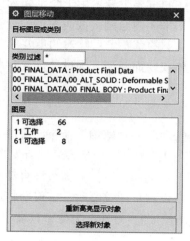

图 1-19　"图层移动"对话框

1.2　钻模套的绘制与约束

1.2.1　任务描述

完成如图 1-20 所示钻模套草图的绘制与约束。

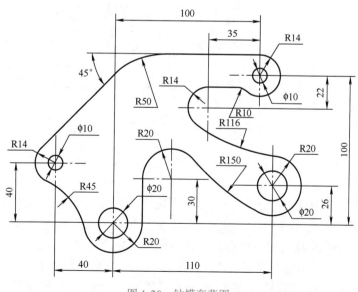

图 1-20　钻模套草图

1.2.2 相关知识点介绍

1. 草图的概念与作用

草图是 NX 进行参数化设计的重要工具，用于绘制和约束截面形状和各图素之间的相互位置。通过在一个选定的草图平面内绘制出截面图形的大致轮廓，再通过尺寸约束和几何位置约束得到精确（完全约束）的草图。后续对约束好的草图进行拉伸、旋转、扫掠等操作，生成与草图相关联的实体或曲面模型。因设计需要对草图进行修改时，与之关联的实体模型也会自动更新。

2. 草图首选项

单击内置菜单栏中的"首选项"→"草图"命令，系统弹出如图 1-21 所示的对话框。"草图首选项"对话框中有"草图设置""会话设置"和"部件设置"三个选项卡，用户可根据要求对相应的选项进行自定义和设置。因为系统自动标注的草图尺寸绝大多数情况下不符合图样中的尺寸定义，所以在草图绘制时，一般会将"草图设置"选项卡下的"连续自动标注尺寸"复选按钮取消勾选。另外，为便于读者更清楚地看清草图图形和约束，本书中会将草图的"尺寸标签"改为"值"方式。

a)"草图设置"选项卡

b)"会话设置"选项卡

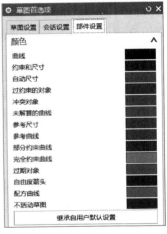

c)"部件设置"选项卡

图 1-21 "草图首选项"对话框

3. 建立草图平面

单击内置菜单栏中的"插入"→"草图"命令或单击工具栏中的图标，系统弹出如图 1-22 所示的"创建草图"对话框。"草图类型"有"在平面上"（图 1-22a）和"基于路径"（图 1-22b）两种。用户可选择平面或曲线来定义草图平面。

选择"在平面上"创建草图时，"平面方法"有"自动判断"和"新平面"两种。选择"自动判断"时，可选取任一基准平面、实体平面、已存在平面作为草图平面，如图 1-23 所示。

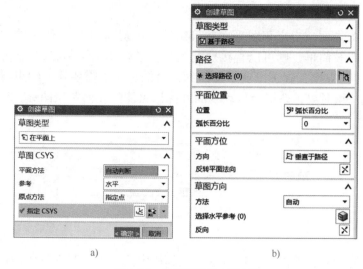

a)　　　　　　　　　　　　　b)

图 1-22　"创建草图"对话框

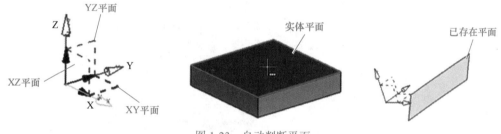

图 1-23　自动判断平面

如图 1-24 所示，选择"新平面"时，在"指定平面"下拉列表中有自动判断、按某一距离、成一角度、二等分、曲线和点、两直线、点和方向等方式。用户可根据需要，选择对应的方式进行草图平面的指定。

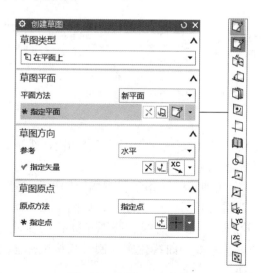

图 1-24　创建"新平面"

4. 草图的绘制

（1）进入草图界面　指定草图平面并确定后，出现如图 1-25 所示的"直接草图"工具栏，如果草图比较简单，则可以直接用此工具栏进行草图绘制和约束。需要注意的是，"直接草图"工具栏中没有直接出现"几何约束"图标，当需要几何约束时，可以先选取要约束的一对或一组对象，系统会自动判断并弹出可能的几何关系图标，用户根据需要选取即可。

图 1-25　"直接草图"工具栏

当草图相对复杂时，单击"直接草图"工具栏中的"更多"下三角按钮，在弹出的下拉菜单中单击"在草图任务环境中打开"按钮，如图 1-26 所示，打开如图 1-27 所示的完整草图界面。

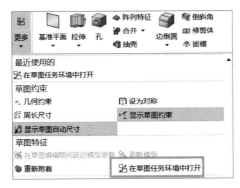

图 1-26　单击"在草图任务环境中打开"按钮

图 1-27　完整草图界面

完整草图界面由"草图""曲线""约束"三个功能区组成，在这个界面中，用户可以更方便地进行草图的绘制和约束。

（2）草图绘制功能　"定向到草图"用于将视角定向到草图平面；"重新附着"可以将已有草图从一个平面，重新附着到另一个平面中，如图 1-28 所示。

"曲线"功能区中有轮廓、矩形、直线、圆弧、圆、点等常用功能，如图 1-29 所示。其中"轮廓"功能可连续进行直线和曲线轮廓绘制。长按鼠标左键和中键，可以实现"直线"和"圆弧"功能的切换。

图 1-28 草图的定向与重新附着

图 1-29 常用草图线串的绘制功能

"曲线"功能区中还包含艺术样条、多边形、椭圆、二次曲线等绘制功能，以及偏置曲线、镜像曲线、阵列曲线、投影曲线、交点、相交曲线、派生直线、拟合曲线等曲线变换与操作功能，如图 1-30 所示。

"曲线"功能区中也包括曲线的修剪、延伸、圆角、倒斜角，以及移动曲线、缩放曲线、调整曲线尺寸等曲线编辑功能，如图 1-31 所示。

图 1-30 草图曲线的操作

图 1-31 草图曲线的编辑

5. 草图的约束

NX 的草图绘制只需绘制出与图样相近的形状和位置，然后再通过尺寸约束和几何约束来精确限制草图，使之达到完全约束状态。

草图绘制后，呈欠约束状态，此时草图线串呈蓝色状态，单击"尺寸约束"或"几何约束"图标时，状态栏会提示草图需要 N 个约束。

完全约束草图后草图呈绿色，状态栏会显示"草图已完全约束"。

过约束草图，即在草图中添加了多余的约束，相应的尺寸线会变成粉红色，状态栏提示为"草图包含过约束的几何体"。

（1）尺寸约束　尺寸约束如图 1-32 所示，包括快速尺寸、线性尺寸、径向尺寸、角度尺寸和周长尺寸等方式。其中"快速尺寸"可根据选择的对象和光标位置自动判断尺寸类型来创建尺寸约束；"径向尺寸"可对圆形对象进行直径或半径的标注；"周长尺寸"可通过周长值来控制选定的直线或圆弧的集体长度。

（2）几何约束　几何约束用于指定草图对象必须遵守的条件或草图对象之间必须维持的几何关系。单击工具栏中的"几何约束"图标 ⊥，系统弹出如图 1-33 所示的"几何约束"对话框。常用几何约束类型的图标及说明见表 1-3。单击"几何约束"对话框中"设置"右下侧的三角按钮，可以勾选出更多的几何约束方式。

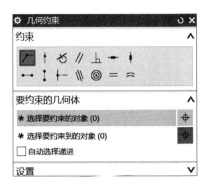

图 1-32 尺寸约束　　　　　　　图 1-33 "几何约束"对话框

表 1-3 常用几何约束类型的图标及说明

图标	说明
	约束两个或多个选定的点，使之重合
	约束一个选定的点，使之位于一条曲线上
	约束两条选定的曲线，使之相切
	约束两条或多条选定的曲线，使之平行
	约束两条选定的曲线，使之垂直
	约束一条或多条选定的曲线，使之水平
	约束一条或多条选定的曲线，使之竖直
	约束两个或多个选定的点，使之水平对齐
	约束两个或多个选定的点，使之竖直对齐
	约束一个选定的点，使之与一条曲线的中点对齐
	约束两条或多条选定的直线，使之共线
	约束两条或多条选定的曲线，使之同心
	约束两条或多条选定的直线，使之等长
	约束两个或多个选定的圆弧，使之等半径

1.2.3　任务实施

1. 建立草图

打开 NX 12，单击主菜单栏中的"文件"→"新建"命令或单击工具栏中的"新建"图标，在弹出的"新建"对话框中，选择"模型"选项卡，输入"钻模套"为部件名称，选取（或输入）"E:\ 三维设计 \01"作为保存路径，单击"确定"按钮，新建"钻模套.prt"部件。

单击内置菜单栏中的"首选项"→"草图"命令，取消选中"连续自动标注尺寸"复选按钮。选择主菜单栏中的"视图"，在图 1-34 所示的"工作图层"文本框中输入"11"并单击"确定"按钮，完成草图图层的设置。

图 1-34 图层设置

2. 绘制草图

（1）整圆（组）的绘制与约束　单击主菜单栏中的"主页"，单击工具栏中的"草图"图标，弹出"创建草图"对话框，选取草图类型 在平面上 ，选取 XY 平面为草图平面并确定，单击"直接草图"工具栏中的"更多"下三角按钮，在弹出的下拉菜单中单击"在草图任务环境中打开"按钮，进入完整的草图绘制界面。

对于初学者而言，此草图形状较为复杂，使用轮廓命令进行徒手绘制难度较大。通过对图样（图 1-20）的分析，不难发现图样中几个圆弧的位置已经完全确定，如果首先绘制并约束这些圆弧，那么之后只需在这些圆弧之间进行曲线过渡即可，这样将大大简化草图绘制过程。

按图 1-35 所示绘制一组圆。为减少约束的工作量，有些可以直接定义的位置和约束，在草图绘制时，可以直接完成。如绘制 C1 圆弧时，直接以坐标系原点作为圆弧中心，这样可以减少此圆弧的位置约束。

单击"快速尺寸"图标，按图 1-36 进行尺寸约束。单击"几何约束"图标，按图 1-37 所示步骤，在"几何约束"对话框中选择"等半径"约束，单击"选择要约束的对象"，选取圆弧 C2，单击"选择要约束到的对象"，选取圆弧 C3，完成 C2、C3 两圆弧的等半径约束。用相同的方式完成 C1、C4、C5 的约束，使 C4 与 C5 圆弧直径均为 40mm。

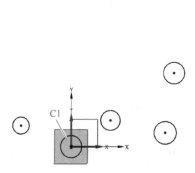

图 1-35 整圆（组）的绘制

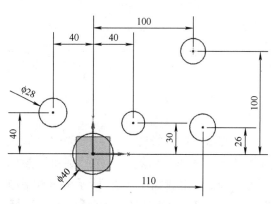

图 1-36 整圆（组）的约束

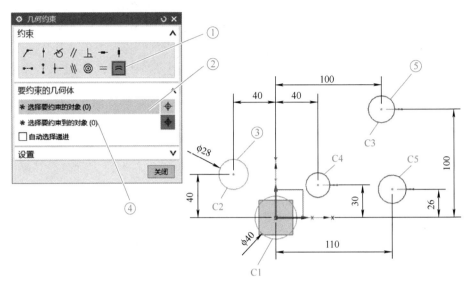

图 1-37　圆的等半径约束

（2）其他线串的绘制与约束　使用直线与圆弧功能，绘制如图 1-38 所示的直线 L1、L2 与圆弧 A1，绘制时注意尽量使 A1 与两个整圆相切，L1 和 L2 也分别与相应的圆相切。如果绘制后有未能相切之处，则可以用"几何约束"的"相切" ⚬ 功能进行约束。

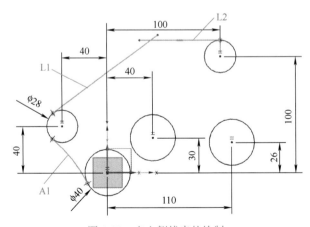

图 1-38　左上侧线串的绘制

可使用"快速修剪" ⌐ 功能来修剪直线 L1 和 L2 的多余部分，也可不理会多余部分，直接使用"圆角"功能。单击"圆角"图标 ⌐，拾取图 1-38 所示的 L1、L2，设置圆弧半径为 50mm，生成如图 1-39 所示的 R50 圆弧。单击"角度尺寸"图标 △，拾取 L1、L2，输入角度 45°，生成如图 1-40 所示的角度标注。

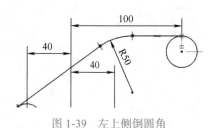

图 1-39　左上侧倒圆角　　　　　　　　　　　图 1-40　左上侧角度标注

如图 1-41 所示，完成圆弧 C6 的绘制与约束，以及直线 L3 的绘制。如图 1-42 所示，使用"圆角"功能完成 R10 圆角的绘制并完成半径约束；使用"圆弧" 功能绘制 R116 圆弧，使用"快速尺寸"功能完成半径约束。绘制时注意尽量使之与两个整圆相切，如果绘制后仍有未能相切之处，也可以用"几何约束"的"相切" 功能进行约束。

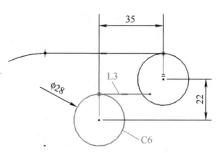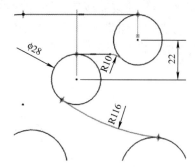

图 1-41　右侧中部圆弧绘制与约束　　　　　　图 1-42　右侧中间过渡圆弧绘制与约束

绘制直线 L4，保证 L4 与两个圆相切，通过"几何约束"功能完成 L4 为竖直线 约束后，NX 系统认为其与两圆圆心之间的距离"40"相冲突，如图 1-43 所示。此时，可以删除尺寸"40"，解除草图中的过约束，如图 1-44 所示。

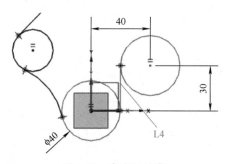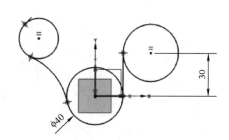

图 1-43　存在过约束　　　　　　　　　　　　图 1-44　解除过约束

如图 1-45 所示，使用"圆弧" 功能绘制 R150 圆弧 a1 并完成尺寸约束，使用"圆" 功能绘制 C6、C7、C8、C9 整圆并完成尺寸约束。为减少约束的工作量，绘制整圆时，以相应的已有圆的中心为这四个整圆的圆心（拾取时，相应的圆心和圆呈高亮状态）。

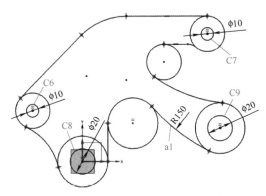

图 1-45 其他圆弧及圆的绘制与约束

使用"快速修剪" 功能，拾取修剪图中多余的圆弧部分，修剪后结果如图 1-46 所示。草图绘制与约束完成后，下方状态栏显示"草图已完全约束"。单击内置菜单栏中的"编辑"→"显示和隐藏"→"显示"命令，可以将为便于读者阅读而隐藏的尺寸标注显示出来，如图 1-47 所示。

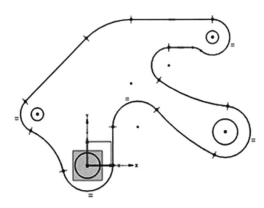

图 1-46 草图修剪

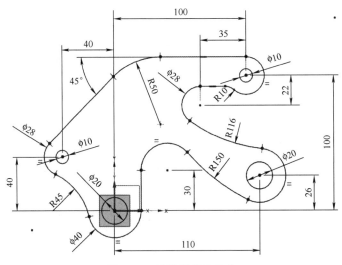

图 1-47 钻模套草图完成

1.3 槽轮基座的绘制与约束

1.3.1 任务描述

完成如图1-48所示槽轮基座草图的绘制与约束。

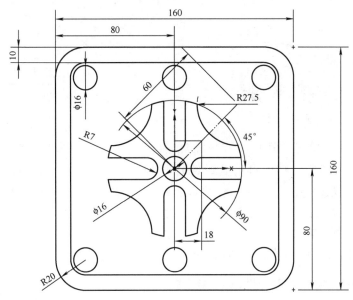

图1-48 槽轮基座草图

1.3.2 相关知识点介绍

1.草图的曲线操作

常用的草图曲线操作命令有偏置曲线、阵列曲线、镜像曲线、相交曲线、投影曲线、派生直线、拟合曲线、添加现有曲线等，如图1-49所示。

图1-49 草图曲线操作

（1）偏置曲线 单击"偏置曲线"图标，弹出如图1-50所示的对话框，选择一条或多条要偏置的曲线后，在"距离"文本框中输入要偏置的距离，可通过"反向"按钮来设置偏置的方向。选中"创建尺寸"复选按钮可以完成偏置的尺寸约束，选中"对称偏置"复选按钮可以对曲线进行双向对称偏置，"副本数"用于多次偏置。如图1-51所示，要偏置的曲线为a1，设置"距离"为5mm，"副本数"为"4"，其他为默认设置，单击"确定"按钮后生成a2、a3、a4、a5四条偏置圆弧，并同时创建尺寸。

图 1-50 "偏置曲线"对话框

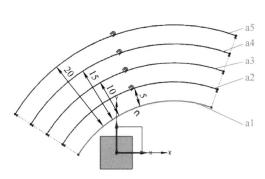

图 1-51 "偏置曲线"范例

（2）阵列曲线 单击"阵列曲线"图标 🔩，弹出"阵列曲线"对话框（图 1-52a），阵列分线性阵列和圆形阵列两种方式。线性阵列时，"方向 1"为必选，"方向 2"为可选。选中"创建节距表达式"复选按钮可以创建阵列的尺寸约束。拾取左上角的圆为要阵列的曲线，选择 +X 为方向 1，设置"数量"为"2"，"节距"为 40mm；选中"使用方向 2"复选按钮，选择 –Y 为方向 2，设置"数量"为"2"，"节距"为 50mm，设置完成后单击"确定"按钮，生成其他三个阵列的圆，如图 1-52b 所示。

a)

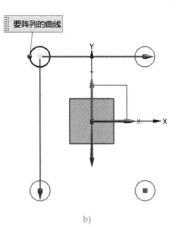

b)

图 1-52 草图曲线的"线性"阵列

将"阵列曲线"对话框中的"布局"切换为"圆形",界面切换为如图 1-53a 所示。拾取左上角的圆为要阵列的曲线,"指定点"选择坐标原点,设置"数量"为"6","节距角"为 60°,设置完成后单击"确定"按钮,生成其他五个阵列的圆,如图 1-53b 所示。

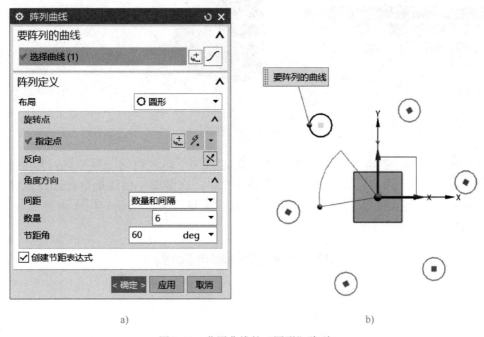

图 1-53　草图曲线的"圆形"阵列

(3)镜像曲线　单击"镜像曲线"图标，弹出如图 1-54a 所示的对话框。拾取如图 1-54b 所示的右侧曲线组为要镜像的曲线,拾取 Y 轴作为镜像中心线,设置完成后单击"确定"按钮,镜像结果如图 1-54c 所示。

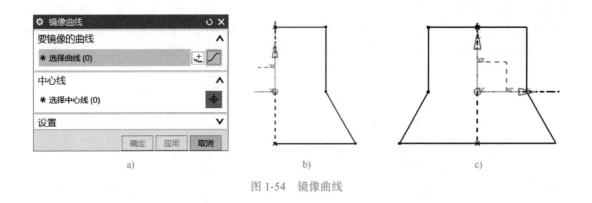

图 1-54　镜像曲线

(4)相交曲线　单击"相交曲线"图标，弹出如图 1-55a 所示的对话框。拾取如图 1-55b 所示的圆锥面为要相交的面,生成如图 1-55c 所示的相交曲线。

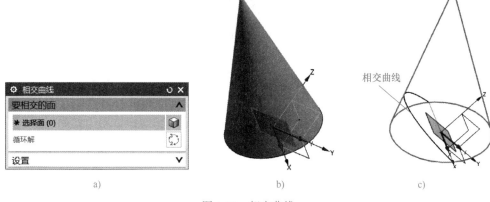

图 1-55　相交曲线

（5）投影曲线　单击"投影曲线"图标🔧，弹出"投影曲线"对话框，如图 1-56 所示。投影用于将外部的对象沿草图平面的法向投影，在草图中创建抽取的曲线或曲线串。用于投影的对象包括曲线、边缘、表面和点等。"关联"复选按钮，用于确定投影的曲线与原对象是否具有关联性。

图 1-56　"投影曲线"对话框

（6）派生直线　当选择两条相交线时，派生直线用于生成一条角平分线。如图 1-57 所示，当选择直线 L1、L2 为参考对象时，可以生成 L3、L4、L5、L6 中任一条需要的角平分线。当选择两条平行线时，派生直线用于生成一条位于两平行线中间的平分线，如图 1-58 所示，当选择 L1、L2 为参考对象时，可以生成 L3 平行线。

图 1-57　派生角平分线　　　　　　　　　　　图 1-58　派生平行平分线

（7）拟合曲线　单击"拟合曲线"图标🔧，弹出"拟合曲线"对话框，如图 1-59 所示。该功能可以通过拾取草图中的相关点，拟合直线、圆、椭圆以及样条曲线。拟合曲线的"源"有自动判断、指定的点、成链的点和曲线四种。设置类型为"拟合样条"，拾取P1、P2、P3、P4、P5点后，在"参数化"中设置"次数"为"3"，"段数"为"1"，生成如图1-60所示的样条曲线。

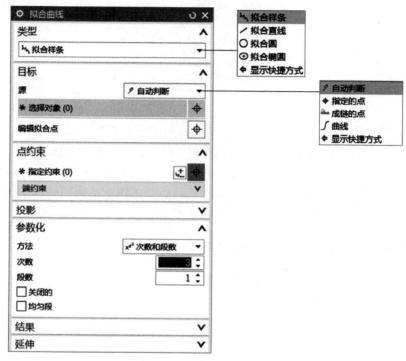

图1-59　"拟合曲线"对话框

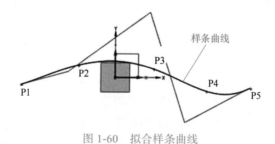

图1-60　拟合样条曲线

（8）添加现有曲线　添加现有曲线用于将不属于草图对象的曲线或点添加到当前草图中去。单击"草图操作"工具栏中的 图标，选择相应的曲线或点后，单击"确定"按钮，将其添加到当前草图中。

2. 草图的约束操作

用户在对草图对象约束过程中或添加完约束后，还可以用系统提供的关系浏览器、动画演示尺寸、转换至/自参考对象、备选解等约束操作来进一步修改或查看草图对象，如图1-61所示。

图 1-61　草图的约束操作

（1）关系浏览器　单击"关系浏览器"图标 ，弹出如图 1-62 所示的"草图关系浏览器"对话框。该对话框中的"顶级节点对象"有"曲线"和"约束"两个选项。选择"曲线"时，下方"浏览器"中的关系树以每个曲线为父节点，单击"+"号后，将展现与该曲线相关的约束，如图 1-63 所示。"状态"栏中的小圆完全填满为完全约束，未填满为部分约束（查看状态可以用于后续草图欠约束的查找）。

图 1-62　"草图关系浏览器"对话框

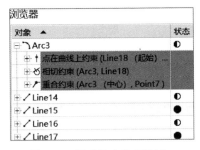

图 1-63　图素约束关系详情

"顶级节点对象"选择"约束"时，下方"浏览器"中的关系树以每个约束为父节点，单击"+"号后，将展现与该约束相关的曲线组，如图 1-64 所示。选中相关的约束（曲线和约束环境中均可以）后右击，弹出图 1-65 所示菜单，选择"删除"命令可以删除该约束。

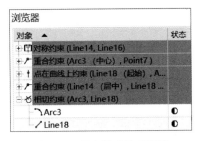

图 1-64　约束类型关系详情

图 1-65　删除约束关系

（2）动画演示尺寸　此功能能够动态地显示在一定范围内改变某一尺寸后草图的效果。单击"草图约束"工具栏中的"动画演示尺寸"图标，弹出如图 1-66a 所示的"动画演示尺寸"对话框。在该对话框中选择要模拟的尺寸约束（图中的"p0=30"），然后输入圆弧的"下限"为"10"、"上限"为"50"，输入"步数/循环"为"10"，设置完成后单击"确定"按钮，草图会做动态的变化，如图 1-66b 所示。

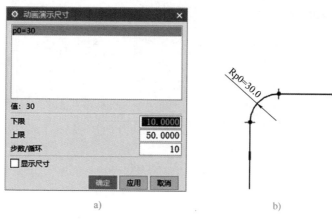

图 1-66　动画演示尺寸

（3）转换至 / 自参考对象　该功能可以将草图曲线或草图尺寸从活动转换为参考，或从参考转换为活动。在草图绘制与约束过程中，有时需要建立一些辅助参考对象，而这些辅助对象在之后的操作中又不再需要，此时可以将这些辅助对象曲线转为参考，之后操作（如拉伸等）不再使用参考曲线。当草图尺寸从活动转换为参考之后，该尺寸将不再控制草图图形。

单击"转换至 / 自参考对象"图标，弹出如图 1-67a 所示的"转换至 / 自参考对象"对话框。当选中"参考曲线或尺寸"单选按钮时，可以将所选的草图曲线或草图尺寸转换为参考线或参考尺寸；当选中"活动曲线或驱动尺寸"单选按钮时，可以将所选的参考线或参考尺寸转换为活动的草图曲线或驱动尺寸。在图 1-67b 中，大圆为辅助曲线，在生成实体过程中不再需要此大圆，因此拾取此圆，选中"参考曲线或尺寸"单选按钮，单击"确定"按钮后，使之变为参考对象，如图 1-67c 所示。

 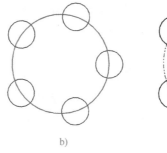 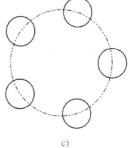

图 1-67　转换至 / 自参考对象

（4）备选解　当一个约束有多于一个的求解可能时，可用此功能使约束从一种可能转变至另一种可能。单击"草图约束"工具栏中的图标，弹出如图 1-68a 所示的"备选解"对话框，拾取图 1-68b 中的线性尺寸 p21 后，图形转变为如图 1-68c 所示的另一种可能。

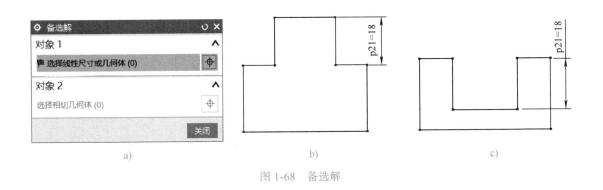

图 1-68　备选解

1.3.3　任务实施

1. 建立草图

打开 NX 12，单击工具栏中的"新建"图标，在弹出的"新建"对话框中，选择"模型"选项卡，输入"槽轮基座"为部件名称，选取（或输入）"E:\ 三维设计 \01"作为保存路径后，单击"确定"按钮，新建"槽轮基座.prt"部件。

单击内置菜单栏中的"首选项"→"草图"命令，取消选中"连续自动标注尺寸"复选按钮。选择主菜单栏中的"视图"，在"工作图层"文本框中输入"11"并确定，完成草图图层的设置。

2. 绘制长方形

单击"特征"工具栏中的"草图建立"图标，拾取基准坐标系的 XY 平面为草图平面并确定。单击"直接草图"工具栏中的"更多"下三角按钮，在弹出的下拉菜单中单击"在草图任务环境中打开"，进入完整的草图绘制界面。

单击"矩形"图标，绘制如图 1-69a 所示的草图，单击"快速尺寸"图标，按图 1-69b 所示标注尺寸。单击"圆角"命令，依次拾取相邻的两条正方形边，设置圆角半径为 20mm，完成倒圆角后如图 1-69c 所示。

单击"偏置曲线"图标，将选择方式切换至"相连曲线"，拾取正方形线串，设置"距离"为 10mm，"副本数"为"1"，选中"创建尺寸"复选按钮，偏置方向向内，如果默认方向与之相反，可通过"反向"按钮来调整，如图 1-70a 所示。设置完成后单击"确定"按钮，偏置结果如图 1-70b 所示。

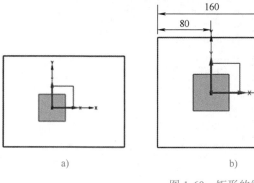 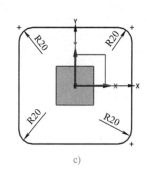

图 1-69　矩形的绘制与约束

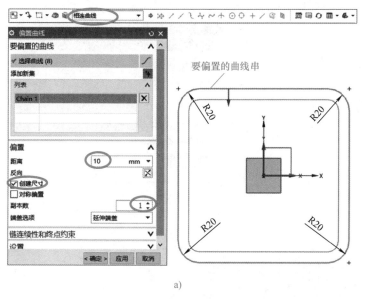 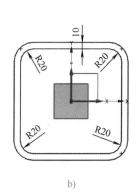

图 1-70　矩形的偏置

3. 绘制孔系

单击"圆"命令，拾取图 1-71a 中 a1 的圆心为圆的中心，绘制整圆 C1，单击"径向尺寸"图标，输入"直径"为"16"，完成整圆的绘制与约束。单击"阵列曲线"图标，在"阵列曲线"对话框中，拾取 C1 为要阵列的曲线，布局方式为"线性"，+X 方向为方向 1，"数量"为"3"，"节距"为"60"，–Y 方向为方向 2，"数量"为"2"，"节距"为"120"。设置完成后单击"确定"按钮，阵列结果如图 1-71b 所示。

4. 绘制槽轮部分

绘制图 1-72 中的四个整圆，为减少约束的工作量，绘制 C1 时拾取坐标原点为其圆心。单击"几何约束"图标，在弹出的如图 1-73 所示对话框中选择"点在曲线上"约束，拾取如图 1-74 所示 C2 的圆心为要约束的对象，X 轴为约束到的对象，使 C2 的圆心在 X 轴上。

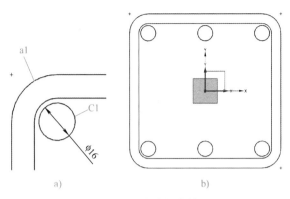

图 1-71　孔系的绘制

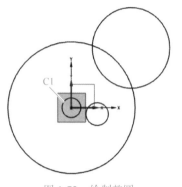

图 1-72　绘制整圆

图 1-73　"几何约束"对话框

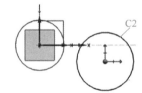

图 1-74　"点在曲线上"约束

如图 1-75 所示，绘制直线 L1，连接原点与外侧圆的圆心，并完成角度和长度约束。单击"转换至 / 自参考对象"图标，拾取 L1，使之成为参考曲线。绘制水平切线 L2、L3，绘制时可略长一些，之后用"快速修剪"功能将其修剪至大圆边缘，如图 1-76 所示。

按图 1-77 所示完成槽轮部分尺寸约束，单击"阵列曲线"图标，在"阵列曲线"对话框中，拾取如图 1-78 所示的四个图素为要阵列的曲线，布局方式为"圆形"，"指定点"选择坐标原点，"数量"为"4"，"节距角"为 90°，单击"确定"按钮后，阵列结果如图 1-79 所示。

使用"快速修剪"功能，将图形进行修剪，修剪后如图 1-80 所示。将隐藏的尺寸和图形显示后，绘制的槽轮基座草图如图 1-81 所示。

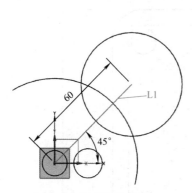

图 1-75　绘制辅助直线 L1

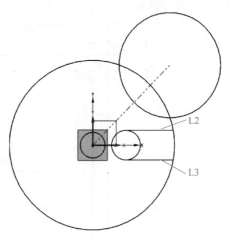

图 1-76　绘制水平切线 L2、L3

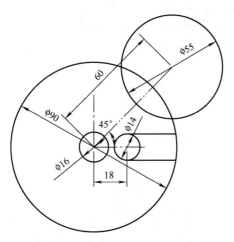

图 1-77　完成槽轮部分尺寸约束

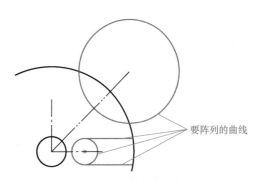

图 1-78　阵列曲线的选择

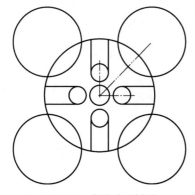

图 1-79　曲线阵列结果

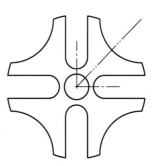

图 1-80　修剪后的槽轮主体

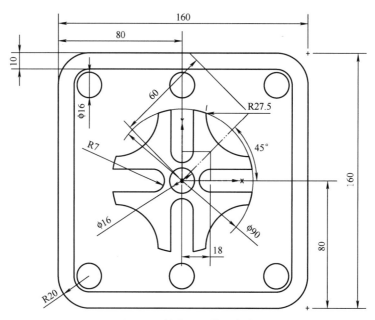

图 1-81　槽轮基座草图完成

项目2　基于特征操作的三维建模

2.1　桌上绣球的三维建模

2.1.1　任务描述

完成如图 2-1 所示桌上绣球实体图的绘制。读者既可以按照以下步骤研习，也可以参考视频资料。

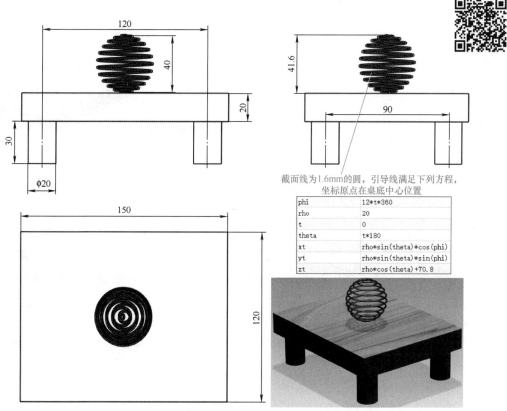

截面线为1.6mm的圆，引导线满足下列方程，
坐标原点在桌底中心位置

phi	12*t*360
rho	20
t	0
theta	t*180
xt	rho*sin(theta)*cos(phi)
yt	rho*sin(theta)*sin(phi)
zt	rho*cos(theta)+70.8

图 2-1　桌上绣球实体图

2.1.2　任务实施

1. 长方体的绘制

打开 NX 12 后，单击"新建"图标 📄，在弹出的"新建"对话框中，选择"模型"选项卡，输入"桌上的绣球"为部件名称，选取（或输入）"E:\ 三维设计 \02"作为保存路径，单击"确定"按钮，新建"桌上的绣球.prt"部件。

单击"资源管理器"中的"角色"→"内容"→"角色　高级"，如图 2-2a 所示，这样可以将工具栏中的功能完整显示。单击"特征"工具栏中的"更多"下三角按钮，再单击"长方体"图标 🧊，弹出如图 2-2b 所示的对话框。在该对话框中，"类型"选择"原点和边长"，单击"指定点"按钮 ⊥，在弹出的对话框中输入原点坐标（–75，–60，30）并确认，如图 2-2c 所示。在图 2-2b 中设置长方体的长为 150mm、宽为 120mm、高为 20mm 并单击"确定"按钮，绘制结果如图 2-2d 所示。

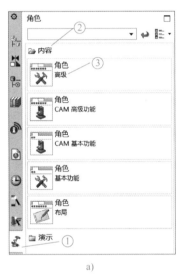

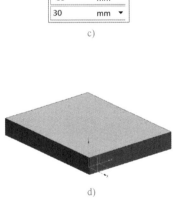

图 2-2　长方体的绘制

2. 圆柱体的绘制

单击"特征"工具栏中的"更多"下三角按钮，再单击"圆柱体"图标 🛢，弹出如图 2-3a 所示的对话框。在该对话框的"类型"下拉列表中选择 🗔 轴、直径和高度，单击"指定矢量"按钮 ⊥，在弹出的如图 2-3b 所示对话框中选择"类型"为 ZC 轴 并单击"确定"按钮。单击图 2-3a 中的"指定点"按钮 ⊥，在"点构造器"对话框中输入圆柱体底面中心点坐标（–60，–45，0）并单击"确定"按钮。在图 2-3a 中，设置"直径"为 20mm，"高度"为 30mm，设置"布尔"为"合并"方式并单击"确定"按钮，绘制结果如图 2-3c 所示。

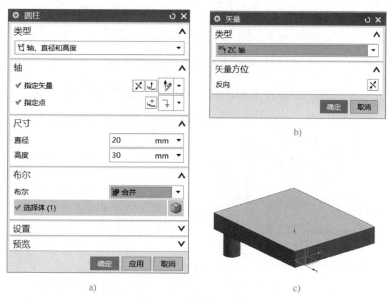

图 2-3　圆柱体的绘制

3. 阵列特征

单击"工具"工具栏中的"阵列特征"图标 ⚇，弹出如图 2-4a 所示的对话框。拾取图 2-3c 中的圆柱体为要形成阵列的特征，在图 2-4a 的"布局"下拉列表中选择"线性"；方向 1 中的"指定矢量"为 +X 方向，"数量"为"2"，"节距"为 120mm；选中"使用方向 2"复选按钮，"指定矢量"为 +Y 方向，"数量"为"2"，"节距"为 90mm；单击"确定"按钮完成设置，阵列结果如图 2-4b 所示。为便于观察可单击"渲染样式"下三角按钮，选择"静态线框"，如图 2-4c 所示。

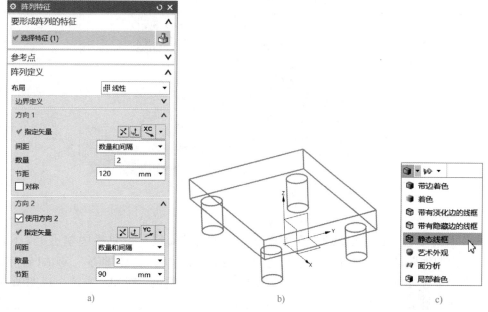

图 2-4　阵列特征

4. 绣球的绘制

单击主菜单栏中的"工具"，在"工具"工具栏中单击"表达式"按钮，弹出如图 2-5 所示的对话框，对话框默认列出此部件造型过程中的所有参数。

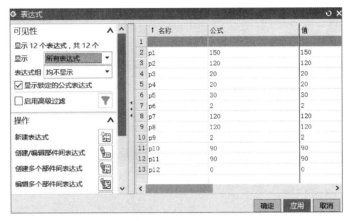

图 2-5 "表达式"对话框

将"显示"下拉列表框中的选项切换为"命名的表达式"，此时右侧列表框内数据为空。如图 2-6 所示，将"绣球"参数依次输入到右侧列表框内。输入参数时，每输入一行，单击一次"应用"按钮。

图 2-6 创建"表达式"

单击主菜单栏中的"曲线"，在如图 2-7 所示的"曲线"工具栏中单击上/下箭头，找到"规律曲线"图标并单击，系统弹出如图 2-8 所示的"规律曲线"对话框，按图中所示分别设置"X 规律""Y 规律""Z 规律"，单击"确定"按钮，系统生成如图 2-9 所示的规律球形螺旋线。

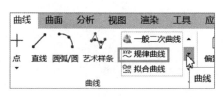

图 2-7　单击"曲线"→"规律曲线"　　　　　图 2-8　"规律曲线"对话框

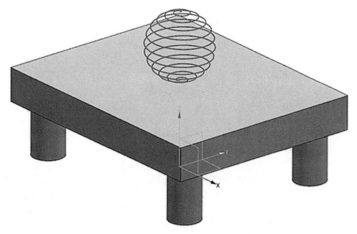

图 2-9　规律球形螺旋线

单击主菜单栏中的"曲线"，在"曲线"工具栏中单击"圆弧/圆"图标，弹出如图 2-10 所示的对话框。在该对话框中，选择"类型"为"从中心开始的圆弧/圆"，拾取螺旋线上部端点为圆心，设置圆的直径为 1.6mm。单击"平面选项"下拉列表框，选取□选择平面。"指定平面"选取"曲线上"，再单击"平面对话框"按钮，弹出如图 2-11 所示的对话框。

按如图 2-11 所示序号，选择螺旋线上部为指定曲线，"位置"为"弧长"，"弧长"为 0mm（即螺旋线上部端点处），"方向"为"垂直于路径"，单击"确定"按钮后返回图 2-10 所示对话框。

在图 2-10 所示对话框中，选中"整圆"复选按钮并单击"确定"按钮，即可在螺旋线上部端点处绘制出直径为 1.6mm 的圆。

图 2-10 "圆弧 / 圆"对话框

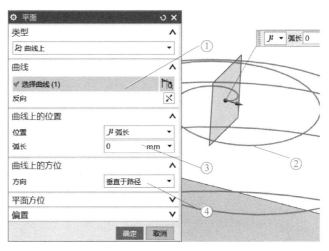

图 2-11 曲线法向绘制圆

5. 扫掠

单击"特征"工具栏中的"更多"下三角按钮,再单击 ⚙ 扫掠,弹出如图 2-12 所示的对话框,按图中所示序号,依次选择圆为截面线,螺旋线为引导线,单击"确定"按钮,生成如图 2-13 所示的"绣球"。

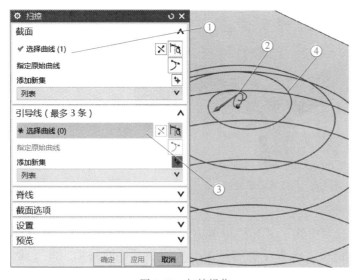

图 2-12 扫掠操作

图 2-13 绣球

6. 隐藏与着色

单击主菜单栏中的"工具"→ ⚙ 移动至图层,弹出"类选择"对话框,拾取 1.6mm 的圆并单击"确定"按钮,在"图层移动"对话框的"目标图层或类别"文本框中输入"11"并单击"确定"按钮,完成圆的隐藏。

按下快捷键 <Ctrl+J>,弹出"类选择"对话框,拾取绣球轮廓并单击"确定"按钮,弹出如图 2-14 所示的对话框,选取颜色为 ⬜ (黄色)并单击"确定"按钮。最终桌上的绣球如图 2-15 所示。

图 2-14 "编辑对象显示"对话框

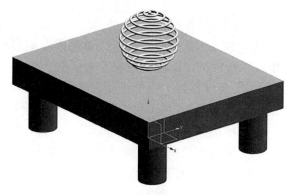

图 2-15 桌上的绣球

2.2 液压连杆的三维建模

2.2.1 任务描述

完成如图 2-16 所示液压连杆的三维建模。读者既可以按照以下步骤研习，也可以参考视频资料。

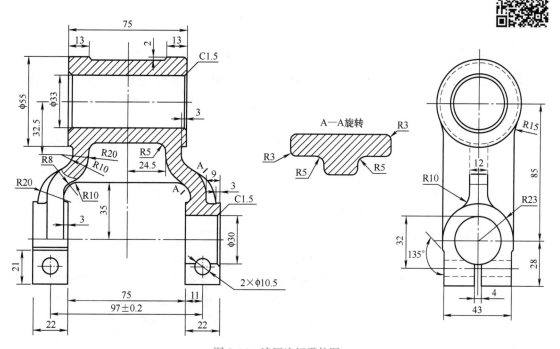

图 2-16 液压连杆零件图

2.2.2 任务实施

1.连杆上部建模

1）进入 NX 建模环境后，单击内置菜单栏中的"首选项"→"草图"命令，弹出如图 2-17 所示的"草图首选项"对话框。为便于对草图进行约束，取消选中"连续自动标注尺寸"复选按钮。为便于读者学习，本书将"尺寸标签"选取为"值"方式。单击"确定"按钮，完成"草图首选项"对话框的设置。

2）单击主菜单栏中的"视图"，设置图层 11 为工作图层。

3）单击主菜单栏中的"主页"，单击工具栏中的"草图"图标![草图图标]，弹出"创建草图"对话框，选取"草图类型"为"在平面上"，拾取如图 2-18 所示的 XZ 平面为草图平面，单击"确定"按钮后进入草图绘制界面。

图 2-17 "草图首选项"对话框

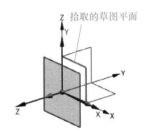

图 2-18 草图平面拾取

4）单击"圆"图标![圆图标]，绘制如图 2-19 所示的 C1、C2、C3 三个整圆，在绘制 C2、C3 时选择圆心与 C1 重合，以便减少后期约束条件。单击"几何约束"图标![几何约束图标]，在弹出的对话框中选取"点在曲线上"约束![约束图标]，拾取三个圆共同的圆心为要约束的对象，草图纵轴为要约束到的对象，将圆心约束到草图纵轴上。

注：对于简单的几何约束，可以直接依次单击圆心、草图纵轴，系统会自动弹出可能存在的几何关系图标，选择![图标]即可快速地完成几何约束。

5）单击"快速尺寸"图标![快速尺寸图标]，按图 2-20 所示完成三个圆的尺寸与位置约束，约束完成后，状态提示栏显示"草图已完全约束"。

6）单击![完成草图按钮]完成草图按钮，将视图切换为"正三轴测图"![图标]。

7）设置图层 1 为工作图层，单击"拉伸"图标![拉伸图标]，弹出如图 2-21 所示的"拉伸"对话框。在工具栏的"曲线规则"下拉列表中，选取"单条曲线"；拾取最大的整圆（系统自动判断拉伸的矢量方向）；根据图样尺寸要求，在"限制"栏中输入开始与结束距离，可输入表达式，也可计算出结果后输入，为防止计算错误，建议输入表达式。单击"确定"按钮，生成如图 2-22 所示的圆柱体。

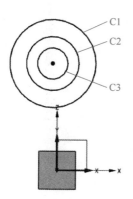

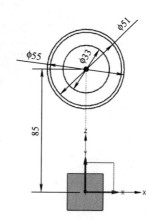

图 2-19　上部整圆草图绘制　　　　图 2-20　上部整圆草图尺寸与位置约束

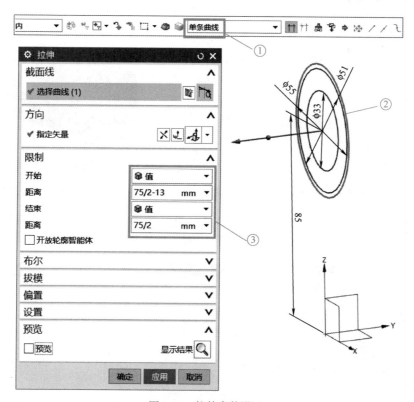

图 2-21　拉伸参数设置

8）拉伸直径为 51mm 的整圆。在如图 2-23 所示的"拉伸"对话框中，设置"限制"中的"结束"方式为"对称值"，"距离"为 30mm，"布尔"为"合并"（因为图中仅有一个可合并的实体，系统自动判断与步骤 7）生成的圆柱体求和），单击"确定"按钮后，拉伸结果如图 2-24 所示。

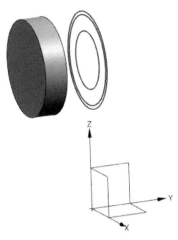

图 2-22　前端圆柱体绘制

图 2-23　中间圆柱体参数设置

图 2-24　拉伸中间圆柱体

9）单击 镜像特征，弹出如图 2-25 所示的"镜像特征"对话框，拾取圆柱体为要镜像的特征，ZX 平面为镜像平面，生成如图 2-26 所示的镜像体。单击"合并"图标，拾取如图 2-26 所示的实体为目标体，镜像生成的圆柱体为工具体，完成两实体的求和。

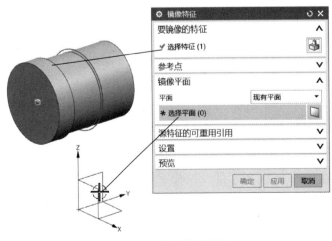

图 2-25　镜像特征设置

图 2-26　上部圆柱（组）绘制

10）单击"渲染样式"下三角按钮，选择  静态线框，按图 2-27 所示拾取直径 33mm 的圆弧为截面线，"开始"与"结束"限制方式均为"贯穿"，"布尔"为"减去"，设置完成后单击"确定"按钮。设置图层 11 不可见后，实体如图 2-28 所示（"渲染样式"选择 带边着色 ）。

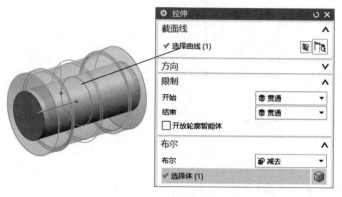

图 2-27　上部孔的建模

图 2-28　支座上部建模

2. 连杆下部建模

1）设置图层 12 为工作图层，图层 1 为不可见。单击"草图"图标，拾取 XZ 平面为草图平面。单击"更多"下拉菜单中的"在草图任务环境中打开"按钮，进入完整的草图绘制界面。

2）单击如图 2-29 所示的"显示草图约束"下拉菜单中的 自动判断约束和尺寸命令，在弹出的如图 2-30 所示对话框中，取消选中"水平对齐"和"竖直对齐"的复选按钮。

注：此操作是为了避免绘制草图时生成不必要的水平、竖直对齐约束，以及避免在修剪曲线时，产生更多的约束条件。

图 2-29　"显示草图约束"下拉菜单

图 2-30　设置"要自动判断和施加的约束"

3）使用草图绘制功能，绘制如图 2-31a 所示的草图，为减少后期约束数量，绘制两整圆时可直接选取草图坐标系原点作为圆的中心。单击"快速修剪"图标，将草图修剪至图 2-31b 所示。

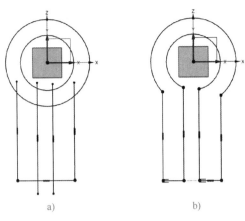

图 2-31　下部草图的绘制

4）依次拾取 P1、P2 两点，出现浮动工具条，如图 2-32a 所示，单击"水平对齐"图标 ←-→，使 P1 点与 P2 点在一条水平线上。用相同的操作，将 P3 点和 P4 点也约束到同一水平线上。约束后如图 2-32b 所示。

5）按图 2-33 所示完成下部草图的尺寸约束。若使用"快速尺寸"功能，应注意切换对话框中的约束方式，以便顺利完成圆弧和线段的约束。当状态栏显示"草图已完全约束"时，结束操作。

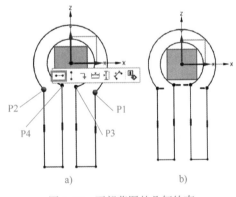

图 2-32　下部草图的几何约束

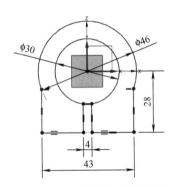

图 2-33　下部草图的尺寸约束

6）设置图层 1 为工作图层，单击"拉伸"图标 ，拾取草图为截面线（在工具栏的"曲线规则"下拉列表中，选取"自动判断"），按图 2-34 所示设置拉伸参数，拉伸结果如图 2-35 所示。

3.连接部分建模

1）设置图层 13 为工作图层，图层 1、图层 12 为不可见。在 YZ 平面内按图 2-36 所示绘制和约束草图线串，单击"偏置曲线"图标 ，弹出如图 2-37a 所示的对话框，选择拾取方式为"相连曲线"，拾取要偏置的线串，确认偏置方向，设置"距离"为 10mm。设置完成后单击"确定"按钮，在原线串左侧生成了一偏置线串，如图 2-37b 所示。

图 2-34　拉伸参数设置

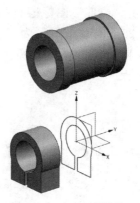

图 2-35　支座下部拉伸

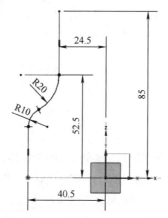

图 2-36　连接部分草图绘制

a)

b)

图 2-37　线串偏置

2）连接原有线串与偏置线串对应的上、下端点，单击"完成草图"，设置图层 1 为工作图层，如图 2-38a 所示。

3）单击"拉伸"图标，拾取新建的草图为截面线，设置"结束"为"对称值"，"距离"为 23mm，"布尔"为"合并"，求和对象为上方圆柱体，如图 2-38b 所示。单击"合并"图标，将下方实体与之前实体合为一体。设置图层 13 为不可见，实体如图 2-38c 所示。

a)   b)   c)

图 2-38　连接部分拉伸与求和

4）去除孔内多余部分的方法很多，此处介绍同步建模中的方法。单击"同步建模"工具栏中的 替换面，在弹出的如图 2-39 所示对话框中，按图中所示序号，依次拾取连接部分上端面为原始面，内孔孔壁为替换面，并单击"确定"按钮；用同样的方式，完成下端面的替换。替换结果如图 2-40 所示。

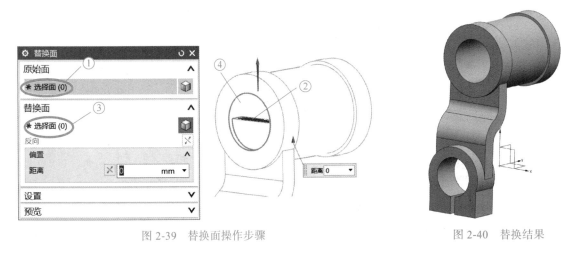

图 2-39　替换面操作步骤   图 2-40　替换结果

4. 加强筋的建模与镜像

1）设置图层 14 为工作图层，在 XZ 平面创建草图，并绘制如图 2-41a 所示的圆弧 C1，单击"几何约束"图标✎⊥，设置圆弧 C1 与实体边缘 C2 相切。按图 2-41b 所示完成圆弧的尺寸约束。为便于后期拉伸实体，添加如图 2-41c 所示的两条辅助线，使轮廓封闭。

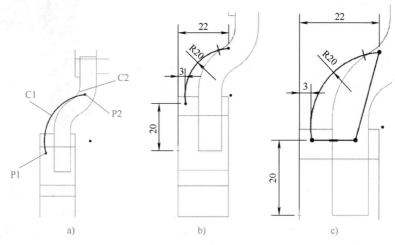

图 2-41　加强筋草图绘制

2）单击"拉伸"图标▣，拾取新建的草图为截面线，设置"结束"为"对称值"，"距离"为 6mm，"布尔"为"合并"。

3）单击⬦ 镜像特征，弹出如图 2-42 所示的对话框，按图中所示序号依次拾取三个拉伸体为要镜像的特征，拾取 ZX 平面为镜像平面，单击"确定"按钮后，镜像结果如图 2-43 所示。

注：镜像后，多出的连接部分边缘用同步建模替换，可参考连接部分建模中的操作步骤 4）。

5. 中间筋板的建模

1）设置图层 15 为工作图层，以 ZX 平面为草图平面，绘制如图 2-44a 所示的草图，该草图由直线 L1、L2 和圆弧 C1、C2 组成。绘制时要求 L2、C1、C2 包含在已有实体内，且不伸出上方孔。如图 2-44b 所示，标注尺寸 35，其余尺寸不影响最后的外形，可以不标注。标注尺寸后，如外形有变化，手动拖动各端点使之包含在实体内且不伸出上方孔。

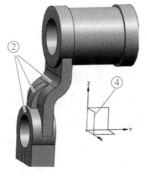
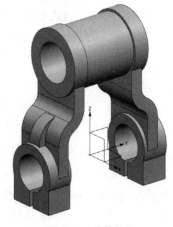

图 2-42　镜像操作步骤

图 2-43　镜像结果

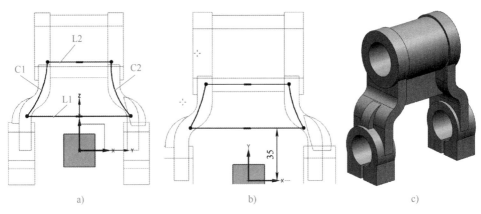

图 2-44　中间筋板的绘制

　　2）完成草图，单击"拉伸"图标，拾取新建的草图为截面线，设置"结束"为"对称值"，"距离"为 6mm，"布尔"为"合并"。设置图层 15 为不可见，设置完成后结果如图 2-44c 所示。单击"圆角"图标，拾取中间筋板与实体的交线，设置"半径"为10mm，完成倒圆角操作。

2.3　绕线机拨叉头的三维建模

2.3.1　任务描述

　　完成如图 2-45 所示绕线机拨叉头的三维建模。读者既可以按照以下步骤研习，也可以参考视频资料。

2.3.2　任务实施

1. 拨叉头主体的绘制

　　进入 NX 建模环境后，单击内置菜单栏中的"首选项"→"草图"命令，在弹出的"草图首选项"对话框中，取消选中"连续自动标注尺寸"复选按钮，将"尺寸标签"选取为"值"方式。设置图层 11 为工作图层。

　　单击主菜单栏中的"主页"，单击"草图"图标，拾取 ZX 平面为草图平面并确定，单击"更多"中的"在草图任务环境中打开"按钮，进入完整的草图绘制界面。

　　使用"轮廓"功能绘制如图 2-46a 所示的直线串。在绘制时，为减少约束工作量，绘制水平线和竖直线时应控制角度误差，尽可能使系统自动约束。

　　依次拾取点 P1、坐标横轴，出现浮动工具条，单击"点在曲线上"图标，使底端水平线在 X 轴上。依次拾取直线 L1、直线 L2，单击浮动工具条中的 //，使两条直线平行，如图 2-46b 所示。使用快速尺寸功能，标注尺寸使草图完全约束，如图 2-46c 所示。

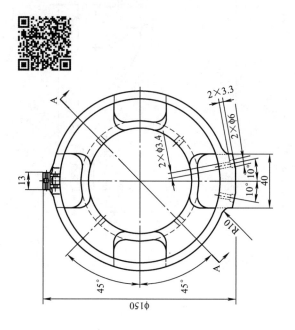

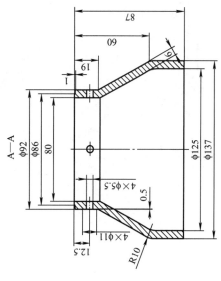

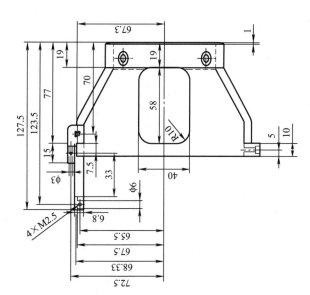

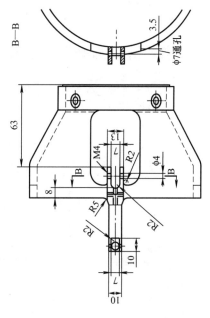

图 2-45 绕线机拨叉头零件图

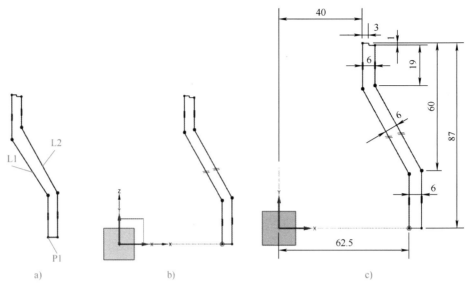

图 2-46　旋转截面线绘制与约束

设置图层 1 为工作图层，单击"旋转"图标🛢️，弹出"旋转"对话框，按图 2-47 所示序号，依次拾取草图轮廓为截面线（曲线拾取方式为"自动判断"），"指定矢量"为 Z轴，"指定点"为坐标原点，设置开始角度为 0°，结束角度为 360°，设置完成后生成如图 2-48 所示的旋转体。

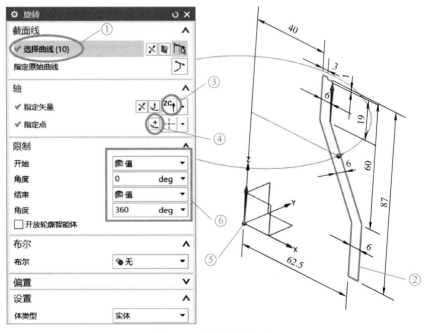

图 2-47　旋转参数设置

图 2-48　拨叉头主体的绘制

2. 底端凸台的绘制

设置图层 12 为工作图层，以 XY 平面为草图平面，如图 2-49a 所示，使用"中心与端点圆弧" 功能，以坐标原点为圆心，绘制圆弧 a1 和 a2。使用"三点定圆弧" 功能，绘制圆弧 a3 和 a4，绘制时可以手动拖拽，使之与 a1 圆弧相切。再绘制辅助线 L1。

依次拾取圆弧 a1 的端点 P1、P2，在弹出的浮动工具条中，选取 ，使两点水平对齐。P3、P4 也使用相同操作。依次拾取圆弧 a3、a4，在弹出的浮动工具条中，选取 ，使之等半径。

按图 2-49b 所示标注草图尺寸，使之完全约束，拾取直线 L1，在弹出的浮动工具条中，选取 ，使之成为辅助线。单击"拉伸"图标，拾取底端凸台草图轮廓为截面线，沿 +Z 方向拉伸，拉伸长度为 10mm，"布尔"为"合并"，结果如图 2-49c 所示。

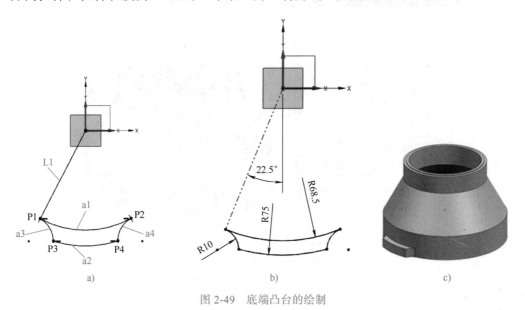

图 2-49　底端凸台的绘制

3. 减重槽的绘制

设置图层 13 为工作图层，以 ZX 平面为草图平面，绘制如图 2-50a 所示草图并完成约束。单击"拉伸"图标，拾取矩形轮廓为截面线，沿 –Y 方向拉伸，开始距离为

35mm，结束距离为 70mm，"布尔"为"减去"，结果如图 2-50b 所示。

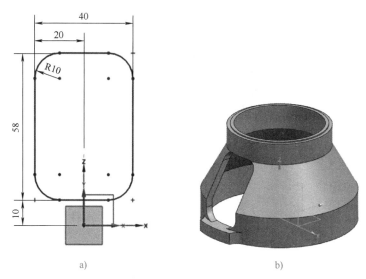

a)   b)

图 2-50   减重槽的绘制

单击 阵列特征，按图 2-51 所示序号，依次选择减重槽为要阵列的特征，"布局"为"圆形"，"指定矢量"为 Z 轴，"数量"为"4"，"节距角"为 90°，阵列后结果如图 2-52 所示。

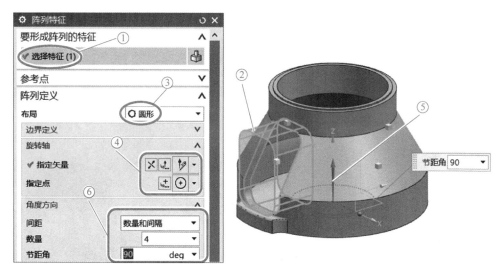

图 2-51   阵列参数设置

4. 拨叉头的绘制

设置图层 14 为工作图层，单击主菜单栏中的"主页"，单击"草图"图标 ，弹出"创建草图"对话框，按图 2-53 所示序号，依次设置"平面方法"为"新平面"，"指定平面"为距离 ZX 平面 69.3mm 处，"参考"为"水平"，"指定矢量"为 –X 轴方向，"草图原点"指定为系统坐标系原点，设置完成后单击"确定"按钮，生成草图平面。

图 2-52　减重槽的阵列

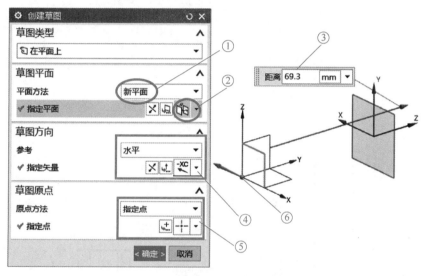

图 2-53　新建草图平面

绘制如图 2-54a 所示的草图，通过几何约束使 P1 点和 P2 点在草图纵轴上，P3 点和 P4 点在同一水平线上。按图 2-54b 所示进行尺寸约束。

在此草图平面方向内还有其他的外形轮廓，因其轮廓简单，为减少实体对象，可以一并在此草图中绘制，在拉伸实体时分别操作即可。如图 2-55a 所示，绘制三处草图轮廓并完成约束。

单击 镜像曲线，拾取除圆之外的所有线串为要镜像的曲线，选取纵轴为镜像线，镜像后连接 P5、P6 两点，结果如图 2-55b 所示。

设置图层 15 为工作图层，单击"拉伸"图标，选取回转体底端内孔边缘为截面线，开始距离为 –60mm，结束距离为 30mm（此数值能完全包含拨叉头草图即可），选择"设置"中的"体类型"为"片体"，绘制如图 2-56 所示的拉伸片体。单击主菜单栏中的"主页"→"曲面"→"更多"→"偏置曲面"，如图 2-57 所示。拾取圆柱片体，向外偏置 12.5mm，生成如图 2-58 所示的偏置曲面。

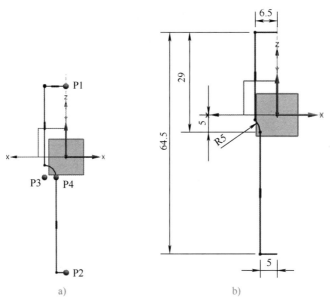

图 2-54　拨叉头草图绘制步骤一

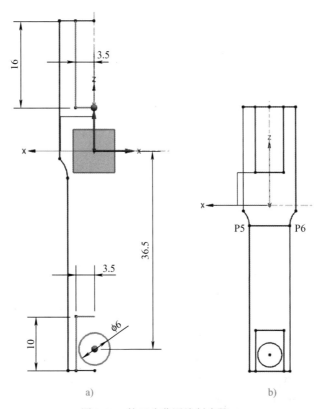

图 2-55　拨叉头草图绘制步骤二

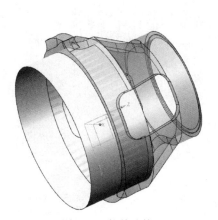

图 2-56　拉伸片体

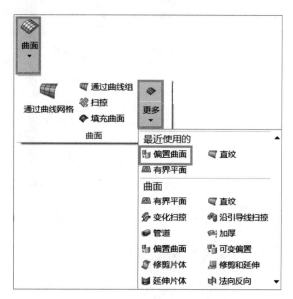

图 2-57　"偏置曲面"功能

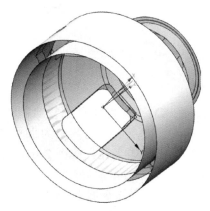

图 2-58　偏置曲面

　　单击"拉伸"图标，对象设置如图 2-59 所示，拾取拨叉上端为截面线，"开始"以小圆柱曲面为选择对象，"结束"以大圆柱曲面为选择对象，"布尔"为"合并"，生成实体。拾取拨叉下端为截面线，"开始"以小圆柱曲面为选择对象，"结束"为数值 0，"布尔"为"合并"，生成的实体如图 2-60a 所示。

　　为便于选取内部曲线，设置显示为"静态线框"。单击"拉伸"图标，拾取如图 2-60b 所示的大端内部长方形为截面线，设置开始距离为 –20mm，结束距离为 20mm，"布尔"为"减去"；用相似的方式，完成前端孔（通孔）和长方形槽（深度为 1.8mm）的绘制，结果如图 2-60c 所示。

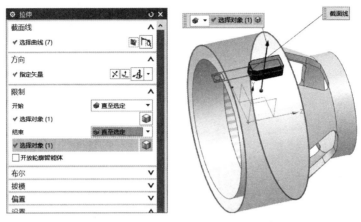

图 2-59 在"拉伸"对话框中设置对象

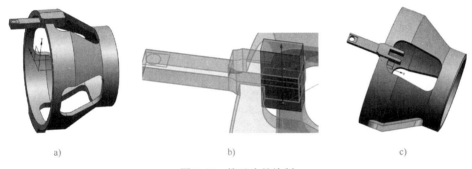

a)　　　　　　　　　　　　b)　　　　　　　　　　　　c)

图 2-60 拨叉头的绘制

5. 拨叉头加强凸台的绘制

设置图层 16 为工作图层，在 XY 平面创建草图，绘制如图 2-61a 所示的线串，其中圆弧 a1 的圆心在坐标原点，P1 点、P2 点的几何约束为水平对齐，圆弧 a2、圆弧 a3 分别与圆弧 a1 相切，且圆弧 a2、圆弧 a3 为等半径。按图 2-61b 所示标注尺寸完成约束。沿 Z 轴的正方向拉伸草图轮廓，"距离"为 10mm，"布尔"为"合并"，结果如图 2-62 所示。

注： 拉伸合并操作后，在大端的矩形槽会有多余的部分。可将拨叉头大端长方形槽的拉伸操作，在"部件导航器"中拖至此操作之后，以去除多余的部分。

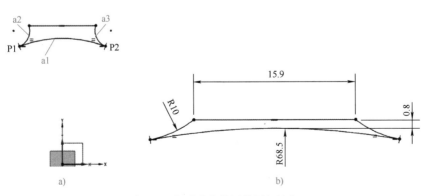

a)　　　　　　　　　　　　　　　　　　b)

图 2-61 加强凸台草图绘制与约束

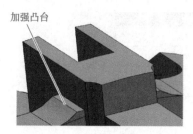

加强凸台

图 2-62　加强凸台的绘制

6. 孔系的绘制

设置图层 17 为工作图层，以拨叉头侧面为草图平面，绘制并约束如图 2-63a 所示的两个同心圆。如图 2-63b 所示，在拨叉头上拉伸出 φ4mm 的通孔，在回转体上拉伸出 φ7mm 用于钻头加工时的进刀缺口。

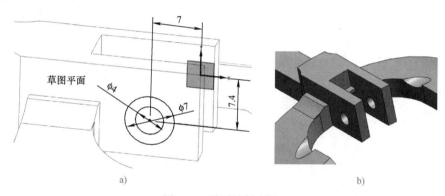

草图平面

a)　　　　　　　　　　　　　　b)

图 2-63　孔系绘制步骤一

单击"孔"图标，在弹出的对话框中，选择"类型"为"螺纹孔"，"大小"为 M2.5×0.45，"螺纹深度"为 15mm，孔的"深度"为 20mm，如图 2-64a 所示。在放置平面相近位置处单击，系统进入草图界面，按如图所示标注尺寸后完成草图绘制，生成螺纹孔。用相同的方法，在如图 2-64b 所示的放置平面中创建 M2.5 的螺纹通孔，在如图 2-64c 所示的放置平面中创建 φ3mm 的简单通孔。

设置图层 18 为工作图层，单击"草图"图标，创建距离 XY 平面 74.5mm、"参考"为"水平"、"指定矢量"为 +X、草图原点为坐标系原点的草图平面，如图 2-65a 所示。绘制如图 2-65b 所示的直线并完成约束。

单击"孔"图标，在弹出的"孔"对话框中，设置"类型"为"常规孔"，拾取草图直线的端点为指定点，"沉头直径"为 11mm，"沉头深度"为 0.5mm，"直径"为 5mm，"深度"为 10mm，完成如图 2-66 所示沉孔的创建。

单击"阵列特征"图标，拾取沉孔为要阵列的特征，以 Z 轴为矢量，"数量"为"4"，"节距角"为 90°，"布局"为"圆形"，阵列结果如图 2-67 所示。

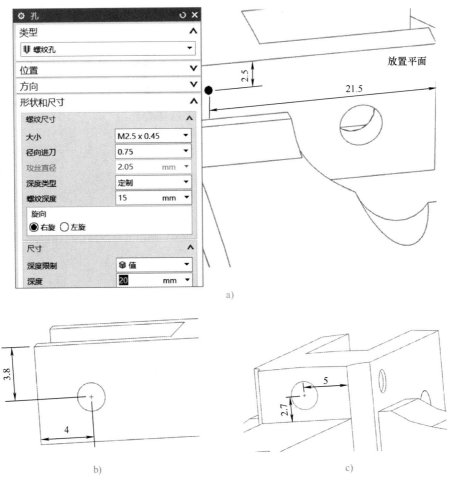

图 2-64　孔系绘制步骤二

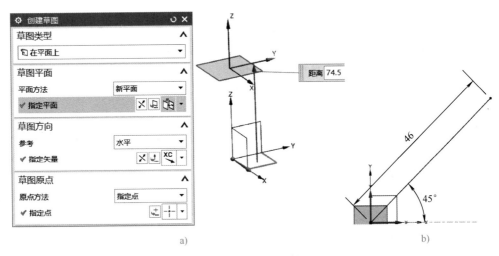

图 2-65　矢量辅助线绘制（一）

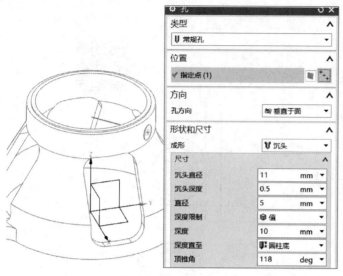

图 2-66　创建沉孔特征

图 2-67　阵列沉孔特征

在距离 XY 平面 5mm 的草图平面中，绘制如图 2-68 所示的两条直线并完成约束。用相同的方法，创建沉头直径为 6mm、深度为 3.3mm、孔径为 3.4mm、孔深为 20mm 的两个深孔。按图样要求进行倒圆角后，最终实体如图 2-69 所示。

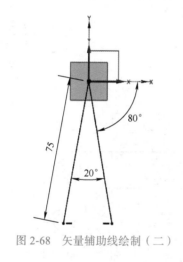

图 2-68　矢量辅助线绘制（二）

图 2-69　最终实体

2.4　阀体的三维建模

2.4.1　任务描述

完成如图 2-70 所示阀体的三维建模。读者既可以按以下步骤研习，也可以参考视频资料。

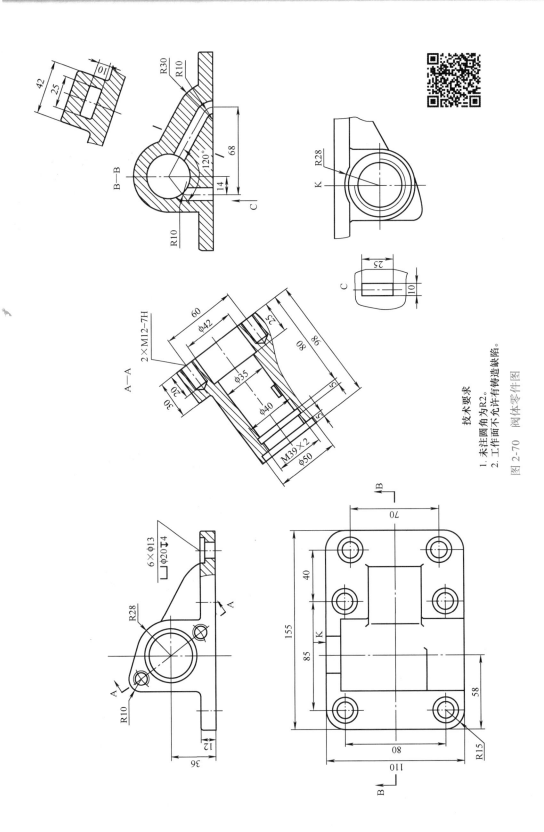

技术要求
1. 未注圆角为R2。
2. 工作面不允许有铸造缺陷。

图 2-70 阀体零件图

2.4.2　任务实施

1. 底盘建模

1）单击"特征"工具栏中的"更多"下三角按钮，再单击"长方体"图标■，系统弹出如图 2-71a 所示的对话框。在该对话框中，"类型"选为"原点和边长"，单击"指定点"图标🔲，在弹出的如图 2-71b 所示的对话框中输入原点坐标（−77.5，−55，0）并单击"确定"按钮，设置长方体的长为 155mm，宽为 110mm，高为 12mm 并单击"确定"按钮，绘制结果如图 2-71c 所示。

2）单击"边倒圆"图标■，选取长方体的四条棱边，设置倒圆半径为 15mm，单击"确定"按钮，绘制结果如图 2-71d 所示。

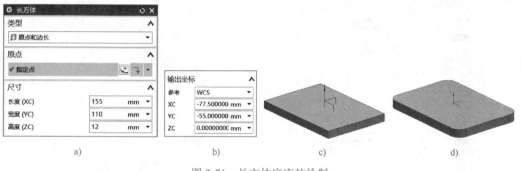

图 2-71　长方体底座的绘制

3）单击"特征"工具栏中的"孔"图标■，在弹出的如图 2-72a 所示对话框中，设置"类型"为"常规孔"，"成形"为"沉头"，沉头直径为 20mm，沉头深度为 4mm，孔径为 13mm，孔深为 20mm。拾取左上角圆角的圆心点，单击"确定"按钮后结果如图 2-72b 所示。

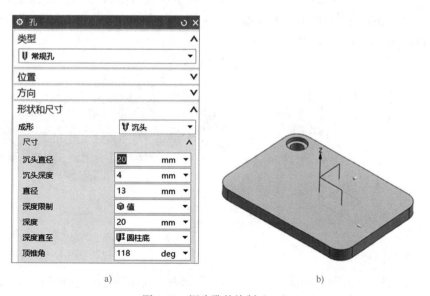

图 2-72　沉头孔的绘制（一）

4）单击"阵列特征"图标，在弹出的如图 2-73a 所示对话框中，设置"布局"为"线性"，方向 1 为 +X，"数量"为"2"，"节距"为 85mm；方向 2 为 –Y，"数量"为"2"，"节距"为 80mm。创建完成的沉头孔矩形阵列如图 2-73b 所示。

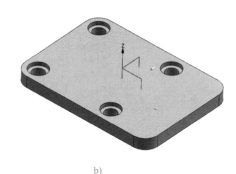

a)   b)

图 2-73　沉头孔的绘制（二）

5）单击"孔"图标，设置与步骤 3）中相同的参数，在如图 2-74a 所示的上表面相近位置指定一点，进入草图绘制界面，按图中所示标注该点尺寸后，在该点位置生成沉头孔。单击 镜像特征，拾取此步生成的沉头孔为要镜像的特征，ZX 平面为镜像平面，完成底盘的建模，如图 2-74b 所示。

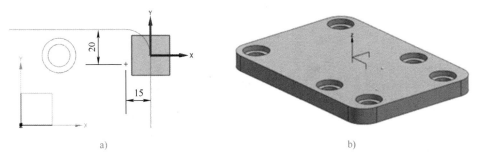

a)   b)

图 2-74　沉头孔的绘制（三）

2. 柱形实体建模

1）设置图层 11 为工作图层，单击"草图"图标，拾取如图 2-75a 所示的长方体前视面为草图平面，按图 2-75b 所示绘制草图线串。为减少约束操作，绘制线串时，应控制大致形状，使几何约束自动生成，如水平线、垂直线、圆弧与直线相切等。若个别未能控制，可以使用"几何约束" ⫰⊥ 功能进行约束。完成的草图约束如图 2-75c 所示。

2）设置图层 1 为工作图层，单击"拉伸"图标，拾取如图 2-75d 所示的草图截面线，沿 +Y 方向，开始距离为 0mm，结束距离为 30mm，"布尔"为"合并"，设置完成后，单击"确定"按钮生成实体。

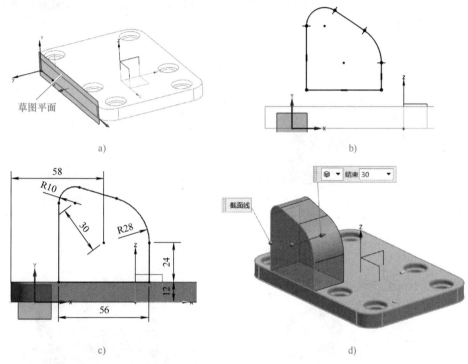

图 2-75　柱形实体前端的绘制

3）设置图层 12 为工作图层，继续拾取长方体前视面为草图平面创建草图，利用实体的边缘、圆心和基点绘制如图 2-76a 所示的一个整圆和三条直线，直接拾取实体的图素可以简化草图的绘制和约束。快速修剪后，得到如图 2-76b 所示的草图截面线串，此处不必约束，便可得到完全约束线串。

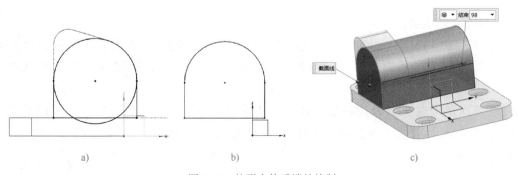

图 2-76　柱形实体后端的绘制

4）单击"拉伸"图标，拾取如图 2-76c 所示的草图截面线，沿 +Y 方向，开始距离为 0mm，结束距离为 98mm，"布尔"为"合并"，设置完成后，单击"确定"按钮生成实体。

5）设置图层 13 为工作图层，草图平面如图 2-77a 所示。利用实体已有的圆心和切点，绘制如图 2-77b 所示的整圆。

6）单击"拉伸"图标，拾取如图 2-77c 所示的草图截面线，沿 +Y 方向，开始距离为 0mm，结束距离为 20mm，"布尔"为"减去"，设置完成后，单击"确定"按钮生成实体，如图 2-77d 所示。

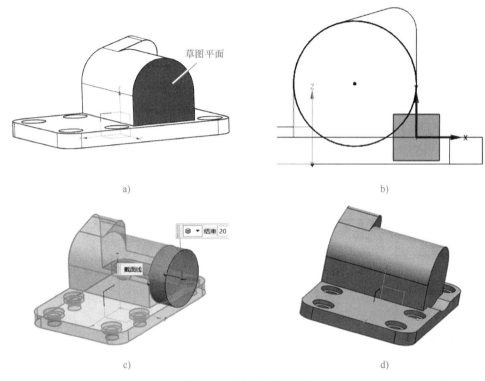

a)   b)

c)   d)

图 2-77   柱面端槽的绘制

3. 腰部实体建模

1）设置图层 14 为工作图层，拾取基准平面 ZX 为草图平面创建草图，绘制如图 2-78a 所示的草图轮廓，其中点 P1 直接选取实体 R28 的圆心，绘制时尽量自动生成几何约束。

2）依次单击点 P2、草图横轴，在弹出的浮动工具条中单击图标 ↑，使点 P2 在横坐标轴上。用同样的方式，使右侧下方圆弧的圆心也在横坐标轴上，完成草图尺寸约束，如图 2-78b 所示。

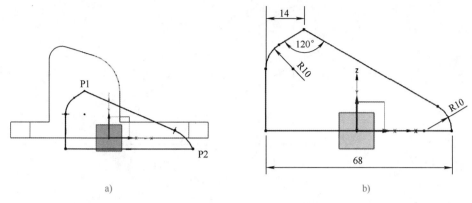

图 2-78　腰部草图绘制与约束（一）

3）单击 **偏置曲线**，弹出如图 2-79a 所示的对话框，拾取如图 2-79b 所示的圆弧与直线为要偏置的曲线，设置"距离"为 20mm，方向向外，同时选中"创建尺寸"复选按钮，单击"确定"按钮完成曲线偏置，偏置结果如图 2-79b 所示。

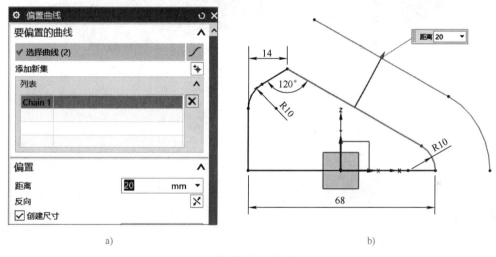

图 2-79　腰部草图绘制与约束（二）

4）为了生成腰部实体，添加如图 2-80 所示的 L1、L2 两条辅助线使之形成封闭轮廓。单击"拉伸"图标，在"曲线选择方式"下拉列表中选择"相连曲线"

相连曲线　▼ ，单击"在交点处停止"图标 **十**，拾取如图 2-81a 所示的草图截面线，设置"结束"为"对称值"，"距离"为 21mm，设置图层 1 为可见，"布尔"为"合并"，使之与之前实体合并，结果如图 2-81b 所示。

4. 两矩形槽建模

1）设置图层 15 为工作图层，以 XY 平面为草图平面，绘制如图 2-82a 所示的草图轮廓，按图 2-82b 所示完成草图约束。单击 **阵列曲线**，在弹出的"阵列曲线"对话框中，选择矩形轮廓为要阵列的曲线，"布局"为"线性"，方向 1 为 +X 方向，"数量"为"2"，"节距"为 68mm，在右侧阵列出相同的矩形轮廓，完成草图绘制，如图 2-82c 所示。

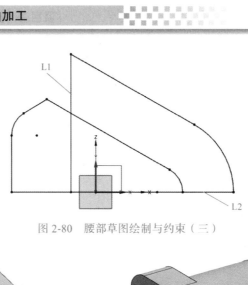

图 2-80 腰部草图绘制与约束（三）

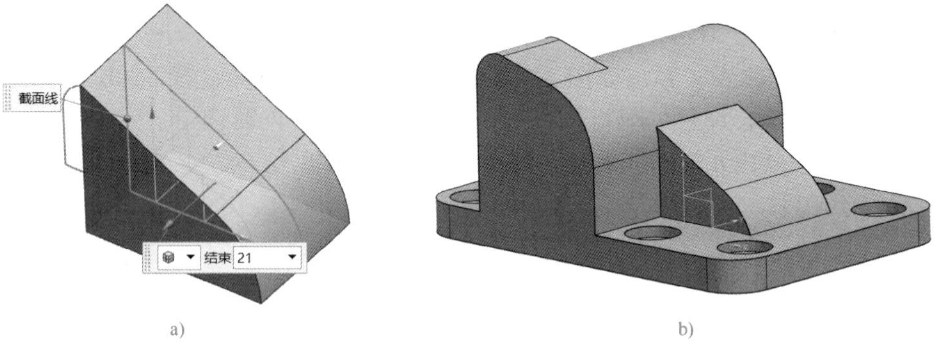

图 2-81 腰部实体的绘制

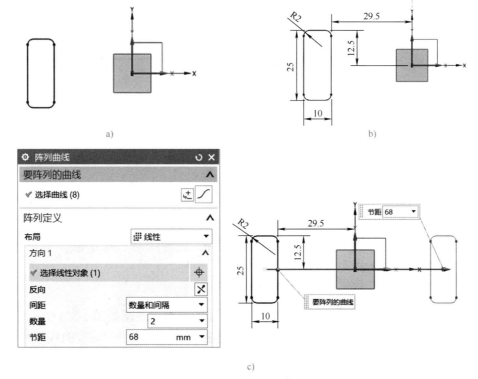

图 2-82 矩形槽的草图绘制

2）设置图层 2 为工作图层，图层 15 为可见，设置完成后如图 2-83a 所示。单击如图 2-83b 所示的"曲面"功能中的"扫掠"，弹出如图 2-83c 所示的对话框。在该对话框中，选取 R1 矩形轮廓为截面线，L1、C1、L2 曲线串为引导线，单击"确定"按钮后生成如图 2-83d 所示的扫掠体。

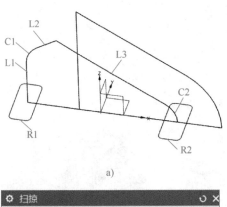

a)

b)

c)

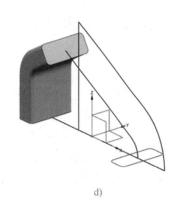

d)

图 2-83　生成扫掠体（一）

3）采用相同的方法，选取 R2 矩形轮廓为截面线，C2、L3 曲线串为引导线，单击"确定"按钮后生成如图 2-84 所示的扫掠体。

4）设置图层 1 为工作图层，图层 23、图层 24 为不可见，单击"特征"工具栏中的"减去"图标，从实体中减去两个扫掠体，结果如图 2-85 所示。

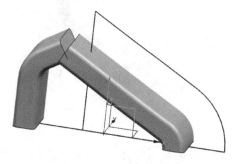

图 2-84　生成扫掠体（二）

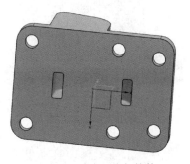

图 2-85　减去两个扫掠体

5. 孔系建模

1）单击"特征"工具栏中的"更多"下三角按钮，再单击"圆柱体"图标█，系统弹出"圆柱"对话框。在该对话框中，设置"指定矢量"为 +Y 方向，"指定点"为圆角圆弧的中心，直径为42mm，高度为25mm，"布尔"为"减去"，如图 2-86a 所示。设置完成后单击"确定"按钮，结果如图 2-86b 所示。

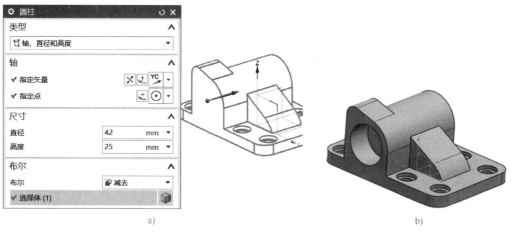

图 2-86　孔系绘制（一）

2）用相似的方法，按图样尺寸完成 φ35mm、φ40mm、φ36.6mm（螺纹底孔）、φ50mm 孔的构建，结果如图 2-87a 所示。

3）单击"特征"工具栏中的"更多"下三角按钮，再单击"螺纹"图标█，拾取如图 2-87b 所示的螺纹表面，设置"大径"为 39mm，"小径"为 36.6mm，"螺距"为 2mm 等螺纹参数，完成 M39 螺纹的创建。

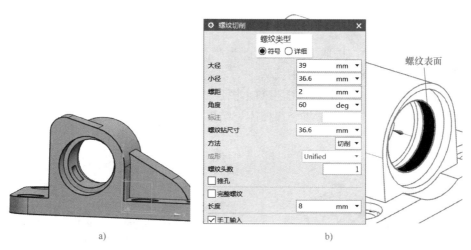

图 2-87　孔系绘制（二）

4）单击"孔"图标，在弹出的如图 2-88a 所示对话框中，设置"类型"为"螺纹孔"，指定点为左上角圆角圆弧中心位置，螺纹大小为 M12×1.75，螺纹深度为20mm，孔深为 25mm，单击"确定"按钮后生成螺纹孔。

5）设置图层 16 为工作图层，单击"曲线"工具栏中的"直线"图标 ∕，绘制一条如图 2-88b 所示的连接左上角圆角中心与 φ42mm 圆心的直线 L。

6）单击"特征"工具栏中的"基准平面"图标 ▢，在弹出的如图 2-88c 所示对话框中，设置"类型"为"曲线和点"，依次拾取直线 L 和端点 P，创建出基准平面。

7）设置图层 1 为工作图层，单击"特征"工具栏中的"更多"下三角按钮，再单击"镜像特征"图标，选取 M12 螺纹孔为要镜像的特征，选择步骤 6）中的基准平面为镜像平面，单击"确定"按钮，结果如图 2-88d 所示。

倒圆角后，最终效果如图 2-89 所示。

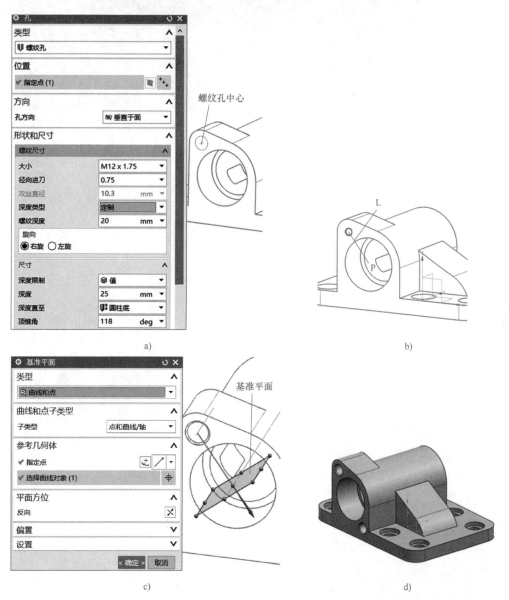

a)

b)

c)

d)

图 2-88　孔系绘制（三）

图 2-89　阀体最终效果图

项目3 基于曲线曲面的产品设计

3.1 电熨斗壳体的设计

3.1.1 任务描述

完成如图 3-1 所示电熨斗壳体的设计。读者既可以按照以下步骤研习，也可以参考视频资料。

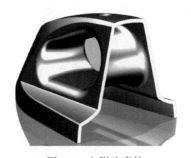

图 3-1 电熨斗壳体

3.1.2 任务实施

1. 新建零件

进入 NX 建模环境后，在相应文件目录下，新建模型文件"电熨斗壳体.prt"。

2. 创建主轮廓草图

设置图层 11 为工作图层，在 XY 平面创建如图 3-2 所示的草图，并完成相关约束。约束时注意图形中的隐含几何关系，如 R180 圆弧的上方端点在草图 Y 轴上、斜线端点在草图 X 轴上、圆弧与斜线相切等。

设置图层 12 为工作图层，在 XY 平面创建如图 3-3 所示的草图，并完成相关约束。约束时注意图形中的隐含几何关系，如 R280 圆弧的左侧端点在草图 Y 轴上，R10 圆弧的下端点在草图 X 轴上，R280 圆弧的圆心与 Y 轴的距离为 20mm 等。

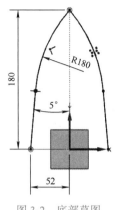

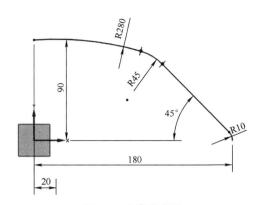

图 3-2　底部草图　　　　　　　　　　　　　图 3-3　主脊线草图

　　设置图层 13 为工作图层，在 XZ 平面创建如图 3-4 所示的草图，并完成约束。约束时注意，R80 圆弧的圆心在草图 Y 轴上，顶点通过 R280 圆弧最左侧的端点。

　　设置图层 14 为工作图层，在 XY 平面创建如图 3-5 所示的草图，并完成约束。约束时注意图形中的隐含几何关系，如前端圆弧中心在草图 Y 轴上，直线端点在 X 轴上等。

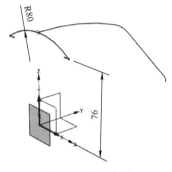

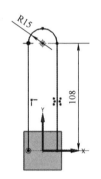

图 3-4　端面草图　　　　　　　　　　　　　图 3-5　顶部投影线草图

3. 创建顶部曲面

　　设置图层 15 为工作图层，单击"扫掠"图标，弹出如图 3-6a 所示的对话框，按图 3-6b 所示选取截面线和引导线，单击"确定"按钮后，生成如图 3-6c 所示的扫掠曲面。

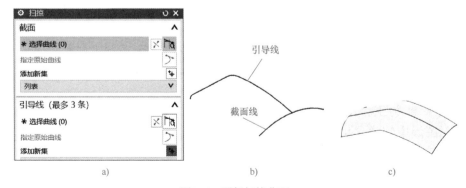

图 3-6　顶部扫掠曲面

单击"曲线"工具栏中的"投影曲线"图标![icon]，弹出如图 3-7a 所示的对话框，按图 3-7b 所示选取要投影的曲线、要投影的对象和投影方向，单击"确定"按钮后，投影曲线如图 3-7c 所示。

单击"曲面"工具栏中的"修剪片体"图标![icon]，在弹出的如图 3-8a 所示对话框中，拾取图 3-7c 中的片体为目标，拾取投影线为边界，选择内部为保留区域，单击"确定"按钮后生成如图 3-8b 所示的片体。

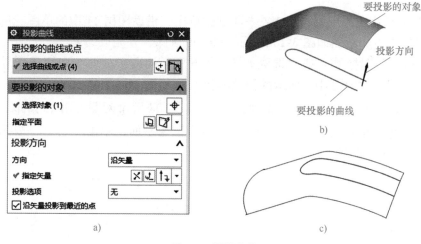

图 3-7 投影曲线

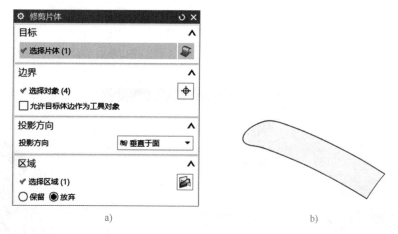

图 3-8 修剪片体

4. 创建侧向曲面

设置图层 16 为工作图层，在 YZ 平面创建草图，单击草图界面中的"投影曲线"图标![icon]，拾取图层 12 中的草图轮廓，投影至当前草图中生成线串 S1。绘制修剪辅助直线 L1，该直线通过图层 15 中的投影曲线圆弧顶点。修剪线串 S1，S1 修剪后保留部分如图 3-9 所示。

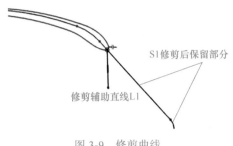

图 3-9　修剪曲线

设置图层 17 为工作图层，在 XZ 平面创建草图，借助图层 11 中的草图轮廓线和图层 15 中投影线的端点，绘制如图 3-10a 所示的 R150 圆弧，并完成约束。

单击"扫掠"图标，依次选取如图 3-10b 所示的两条截面线和两条引导线，单击"确定"按钮后生成如图 3-10c 所示的扫掠曲面。

单击"镜像特征"图标，在弹出的如图 3-10d 所示对话框中，拾取图 3-10c 所示的扫掠曲面为要镜像的特征，选择 YZ 平面为镜像平面，单击"确定"按钮后生成如图 3-10e 所示的镜像曲面。

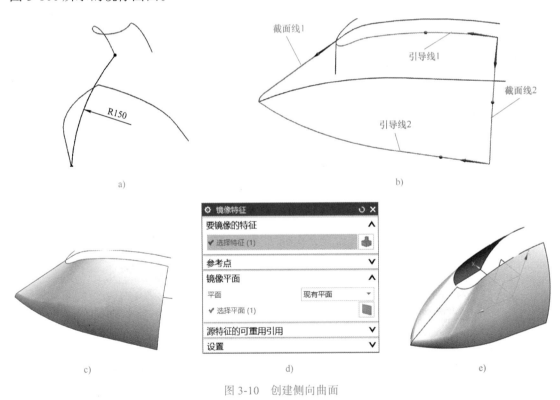

图 3-10　创建侧向曲面

5. 创建有界平面

单击"曲线"工具栏中的"直线"图标，连接两曲面底部端点，绘制如图 3-11a 所示的直线。单击"曲面"工具栏中的"更多"下三角按钮，再单击"有界平面"图标，选取如图 3-11b 所示的四条边界线（选取边界线时设置顶部曲面可见），生成有界平面。

用相同的方法生成如图 3-11c 所示的底部有界平面。

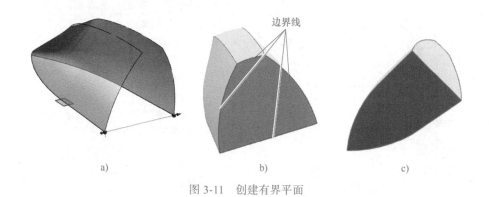

图 3-11　创建有界平面

6. 缝合实体

设置图层 1 为工作图层，单击"缝合"图标，在弹出的如图 3-12a 所示对话框中，选择如图 3-12b 所示的任意单个曲面为目标片体，选择其他所有曲面为工具片体，单击"确定"按钮后，所有片体被缝合成一个实体。

图 3-12　缝合实体

7. 创建腰部修剪片体

设置图层 18 为工作图层，在 YZ 平面创建如图 3-13a 所示的草图并完成约束。

单击"投影曲线"图标，系统弹出如图 3-13b 所示的对话框，按图 3-13c 所示选择要投影的曲线和要投影的对象。在"投影曲线"对话框中，指定投影方向为与 –X 方向呈 8° 夹角的投影矢量，单击"确定"按钮后生成如图 3-13d 所示的投影曲线。

单击"曲线"工具栏中的"镜像曲线"图标，拾取图 3-13d 所示的投影曲线为要镜像的曲线，选择 YZ 平面为镜像平面，单击"确定"按钮后生成如图 3-13e 所示的右侧曲线。

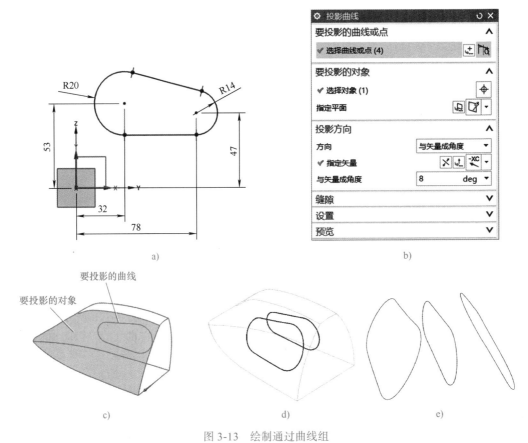

图 3-13　绘制通过曲线组

单击"曲面"工具栏中的"通过曲线组"图标⚙，系统弹出如图 3-14a 所示的对话框，按图 3-14b 所示依次选取三条截面线，单击"确定"按钮后生成曲面。

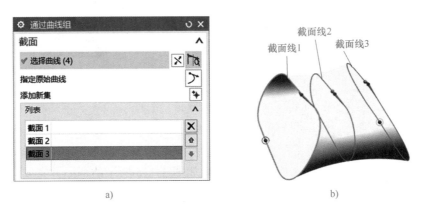

图 3-14　通过曲线组曲面

8. 去除侧面

设置图层 19 为工作图层，以电熨斗后端面为草图平面，绘制如图 3-15a 所示的草图，并按图中所示完成约束。此草图中未标注约束不影响最终产品外形，所以此处不完全约束也是可以的。

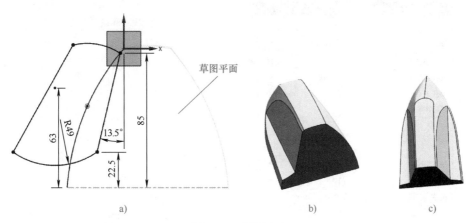

图 3-15　去除侧面

单击"拉伸"图标,选取图层 19 中的草图,沿 +Y 方向拉伸 120mm,"布尔"为"减去",单击"确定"按钮后,结果如图 3-15b 所示。

单击"镜像特征"图标,以上一步中的拉伸操作为要镜像的特征,以 YZ 平面为镜像平面,单击"确定"按钮后,结果如图 3-15c 所示。

9. 腰部修剪与变半径边倒圆

单击"修剪体"图标▣,在弹出的如图 3-16a 所示对话框中,以电熨斗主体为目标体,以图层 18 中的通过曲线组曲面为工具体,修剪后如图 3-16b 所示。

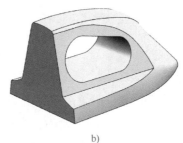

图 3-16　修剪实体

单击"边倒圆"图标▣,在弹出的如图 3-17a 所示"边倒圆"对话框中,设置"半径1"为 5mm,单击"变半径"中的"指定半径点",依次拾取图 3-17b 中的点 1～点 4,设置半径分别为 4mm、8mm、10mm、10mm,设置完成后单击"确定"按钮,生成变半径边倒圆,镜像变半径边倒圆特征后,结果如图 3-17c 所示。

单击"边倒圆"图标,拾取如图 3-18 所示的六条棱线,设置倒角半径为 1.5mm,单击"确定"按钮后完成倒角。

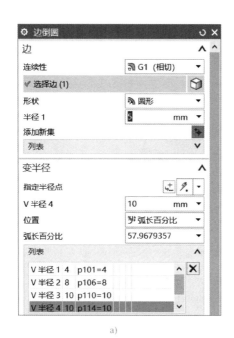

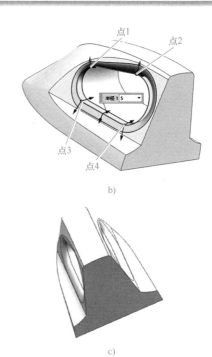

a)　　　　　　　　　　　　　　　　　　　　c)

图 3-17　变半径边倒圆

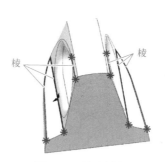

图 3-18　棱边倒角

10. 抽壳

单击"抽壳"图标 ，在弹出的如图 3-19a 所示对话框中，设置"厚度"为 3mm，拾取如图 3-19b 所示的两个面为要穿透的面，抽壳结果如图 3-19c 所示。

11. 创建按钮槽与穿线孔

设置图层 20 为工作图层，单击"草图"图标，在弹出的如图 3-20a 所示对话框中，指定 XY 平面为新平面，设置距离向上 70mm，水平方向为 +X 方向。单击"指定点"按钮，在如图 3-20b 所示的"点"对话框中输入原点坐标（0，0，70），单击"确定"按钮后完成新草图平面的创建。

绘制如图 3-20c 所示的草图并完成约束。单击"拉伸"图标，选取矩形轮廓为截面线，"指定矢量"为 +Z 方向，开始距离为 –15mm，结束距离为 10mm，"布尔"为"求差"。单击"边倒圆"，在矩形槽的四个边上倒 R5 的圆角，结果如图 3-20d 所示。

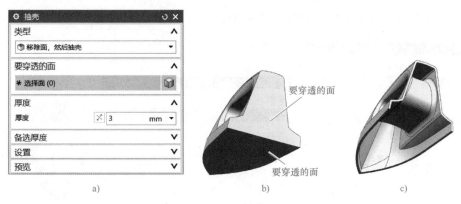

图 3-19　抽壳

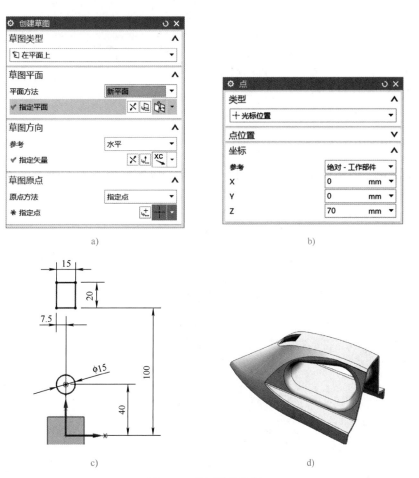

图 3-20　按钮槽的绘制

单击"拉伸"图标，在弹出的如图 3-21a 所示对话框中，选取圆形轮廓为截面线，单击"指定矢量"按钮，在弹出的如图 3-21b 所示"矢量"对话框中，"类型"为"按系数"，选中"笛卡尔坐标"单选按钮，输入矢量系数（0，−1，2）并单击"确定"按钮，在图 3-21a 中输入开始距离为 12mm，结束距离为 24mm，"布尔"为"求差"。单击"确定"按钮后完成如图 3-21c 所示电熨斗壳体的设计。

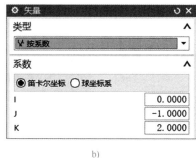

a)   b)   c)

图 3-21 穿线孔的绘制

3.2 矿泉水瓶的设计

3.2.1 任务描述

完成如图 3-22 所示矿泉水瓶的设计。读者既可以按照以下步骤研习，也可以参考视频资料。

图 3-22 矿泉水瓶

3.2.2 任务实施

1. 新建零件

进入 NX 建模环境后，在相应文件目录下，新建模型文件"矿泉水瓶.prt"。

2. 创建矿泉水瓶主体

设置图层 11 为工作图层，在 XY 平面创建如图 3-23 所示的草图，并完成相关约束。约束时注意图形中的隐含几何关系，如上、下端直线的端点在草图 Y 轴上，圆弧与直线相切，圆弧与圆弧相切等。

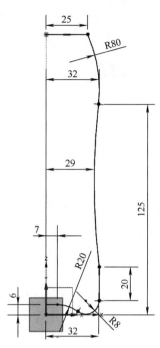

图 3-23   主体截面草图

设置图层 1 为工作图层，单击"旋转"图标  ，在弹出的如图 3-24 所示对话框中，拾取如图 3-25a 所示的草图轮廓线为截面线，拾取坐标系 Z 轴为指定矢量，设置开始角度为 0°，结束角度为 360°，单击"确定"按钮后生成如图 3-25b 所示的旋转体。

图 3-24   "旋转"对话框

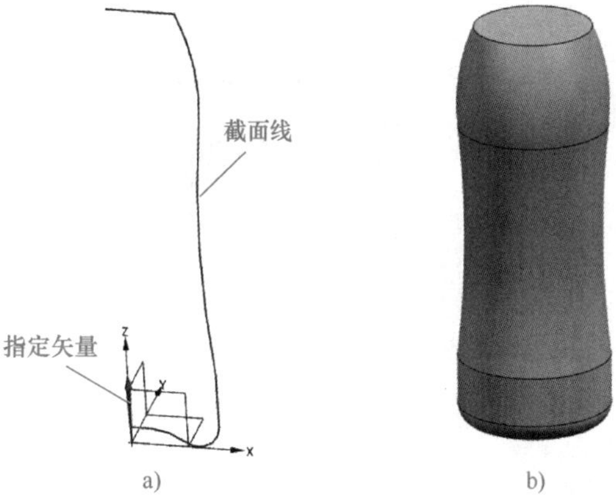

图 3-25   旋转实体

3. 创建中部波纹槽

设置图层 12 为工作图层，单击"曲线"工具栏中的"相交曲线"图标，在弹出的如图 3-26a 所示对话框中，选择图 3-26b 中的两个曲面为第一组面，选择 XZ 平面为第二组面，单击"确定"按钮后生成图中所示的两条相交曲线。

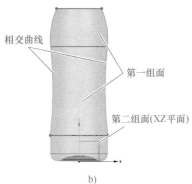

图 3-26　相交曲线

在 XZ 平面创建草图，进入草图界面后，单击"投影曲线"图标 ，拾取图 3-26b 中的两条相交曲线并将其投影到草图中，绘制如图 3-27a 所示的一条直线，并按图中所示完成必要的约束。

单击"偏置曲线"图标 ，在弹出的如图 3-27b 所示对话框中，设置"距离"为 2.5mm，选中"对称偏置"复选按钮，选取图 3-27a 中的单条直线，生成如图 3-27c 所示的两条偏置直线。用相同的方法生成左侧投影曲线的偏置线组，设置"距离"为 10mm，"副本数"为"5"，方向水平向右，取消选中"对称偏置"复选按钮，生成如图 3-27d 所示的偏置曲线组。

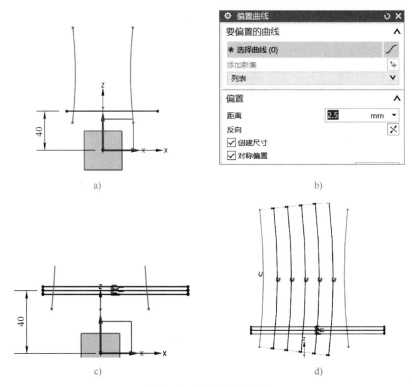

图 3-27　偏置曲线组绘制

单击"艺术样条"图标，选取两组线的交点，生成如图 3-28a 所示的样条曲线。将此样条曲线向上偏置 15mm，"副本数"为"4"，再修剪掉超出两条投影线的部分，生成如图 3-28b 所示的样条曲线组，完成草图绘制。

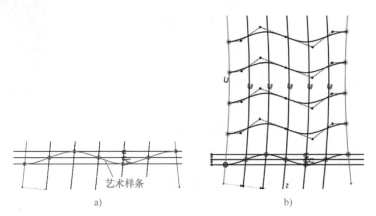

图 3-28　艺术样条曲线绘制

单击"曲线"工具栏中的"投影曲线"图标，在弹出的如图 3-29a 所示对话框中，选取如图 3-29b 所示的五条样条曲线为要投影的曲线，选取外轮廓曲面为要投影的对象，"投影方向"为 –Y 方向，投影后如图 3-29c 所示。

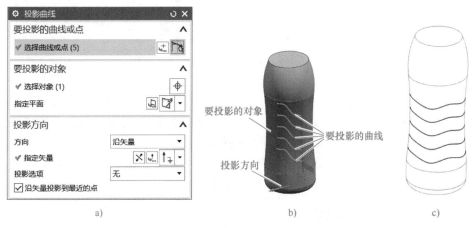

图 3-29　投影曲线

单击"曲面"工具栏中的"更多"下三角按钮，再单击"管道"图标，在弹出的如图 3-30a 所示对话框中，选择如图 3-30b 所示的曲线为路径，设置"外径"为 2mm，"内径"为 0mm，"布尔"为"减去"，选择旋转瓶体为目标实体，单击"确定"按钮，完成管道的创建。用相同的方法完成另外四条投影曲线的管道创建。所有管道创建完成后，单击"边倒圆"图标，将所有管道上下边缘倒出 R0.5 的圆角，结果如图 3-30c 所示。

单击"镜像特征"图标，选择所有管道及其边缘倒圆为要镜像的特征，选择 XZ 平面为镜像平面，单击"确定"按钮后，结果如图 3-31 所示。

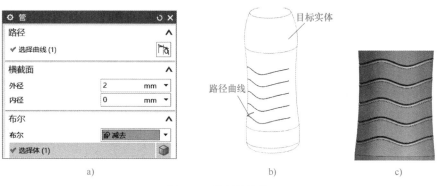

图 3-30　绘制波纹槽

4. 创建底部实体

设置图层 13 为工作图层，以 XZ 平面为草图平面，绘制如图 3-32 所示的 R51 圆弧并完成约束。

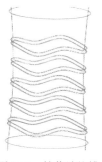

图 3-31　镜像波纹槽

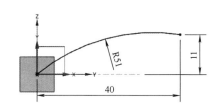

图 3-32　底部引导线

单击"草图"图标，在弹出的如图 3-33a 所示对话框中，选择"草图类型"为"基于路径"，选择图 3-33b 中的曲线为草图路径，设置平面位置为曲线的端点，即"弧长百分比"为"0"，单击"确定"按钮后生成草图平面。

绘制如图 3-33c 所示的草图，并完成约束。约束时注意图形中隐含的几何关系，如 R7 圆弧顶点通过草图原点，草图轮廓关于草图 X 轴对称。

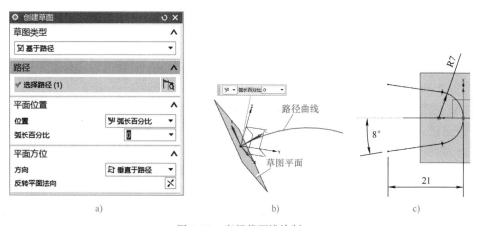

图 3-33　底部截面线绘制

单击"扫掠"图标，选取如图 3-34a 所示的截面线和引导线，单击"确定"按钮后，生成如图 3-34b 所示的扫掠曲面。

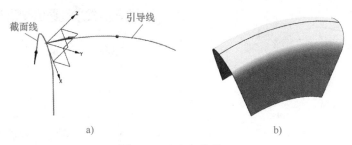

图 3-34   底部扫掠曲面

单击"修剪体"图标 ，选择瓶体为目标实体，扫掠曲面为片体，修剪后结果如图 3-35a 所示。单击"阵列特征"图标 🧊，在弹出的如图 3-35b 所示对话框中，选择修剪体为要形成阵列的特征，"布局"为"圆形"，"旋转轴"为 Z 轴，"数量"为"6"，"节距角"为 60°，阵列后将其边缘倒出 R1 的圆角，结果如图 3-35c 所示。

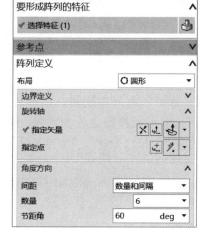

图 3-35   底部实体修剪、阵列

5. 创建上部波纹槽

设置图层 14 为工作图层，以 XZ 平面为草图平面，绘制如图 3-36 所示的两个 R45 圆弧并完成约束。单击"偏置曲面"图标，在弹出的如图 3-37 所示对话框中，选择如图 3-38 所示的旋转实体上部曲面为偏置曲面，设置偏置距离为 3mm，生成向外 3mm 的偏置曲面。

单击"曲线"工具栏中的"投影曲线"图标，选取上一步绘制的两条波纹线为要投影的曲线，选取外轮廓曲面为要投影的对象，分别沿 +Y、−Y 方向投影，生成两条投影曲线，如图 3-39 所示。

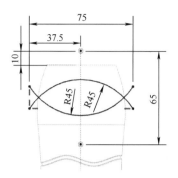

图 3-36 上部波纹线草图

图 3-37 "偏置曲面"对话框

图 3-38 偏置曲面

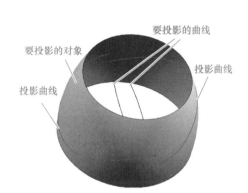

图 3-39 投影上部草图

单击"曲面"工具栏中的"更多"下三角按钮,再单击"变化扫掠"图标，在弹出的如图 3-40a 所示对话框中，拾取前侧投影曲线为路径，弹出如图 3-40b 所示的"创建草图"对话框，在投影曲线端点（"弧长百分比"为"0"处）创建草图，绘制 φ6mm 的圆并完成约束，如图 3-40c 所示。

单击图 3-40a 中的"添加新集"，在投影曲线中间（"弧长百分比"为"50"处）创建草图，绘制 φ7.5mm 的圆并完成约束。

单击图 3-40a 中的"添加新集"，在投影曲线末端（"弧长百分比"为"100"处）创建草图，绘制 φ6mm 的圆并完成约束。

绘制完三个截面后，单击"确定"按钮，生成如图 3-40d 所示的变化扫掠实体。

用相同的方法绘制另一侧变化扫掠实体。设置"布尔"为"减去"，以旋转瓶体为目标体，两个变化的扫掠为工具体进行求差，结果如图 3-40e 所示。

6. 上部瓶口的设计

设置图层 15 为工作图层，在距离 XY 平面上方 180mm 处和 198mm 处分别绘制直径为 40mm 和 35mm 的圆，圆心坐标分别为（0，0，180）和（0，0，198），如图 3-41a 所示。

单击"通过曲线组"图标，在弹出的如图 3-41b 所示对话框中，依次选取瓶体上部边缘、直径为 40mm 的圆、直径为 35mm 的圆作为三条截面线，生成如图 3-41c 所示的实体，并与下部实体求和。

a)

b)

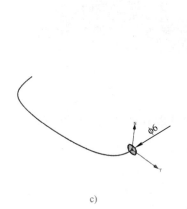

c)

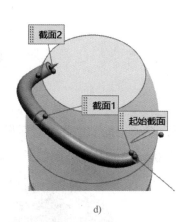

d)

e)

图 3-40 创建上部波纹槽

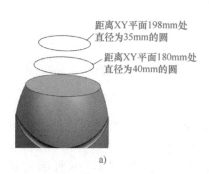

距离 XY 平面 198mm 处
直径为 35mm 的圆

距离 XY 平面 180mm 处
直径为 40mm 的圆

a)

b)

c)

图 3-41 "通过曲线组"实体

单击"拉伸"图标，在弹出的如图 3-42 所示对话框中，选择通过曲线组实体上表面边缘为截面线，设置开始距离为 0mm，结束距离为 25mm，"指定矢量"为 Z 轴正方向，"布尔"为"合并"，单侧向内偏置 3mm，单击"确定"按钮后，生成如图 3-43 所示的实体。

图 3-42 绘制实体瓶口

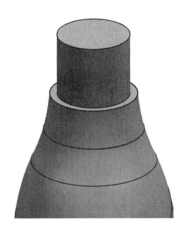

图 3-43 上部瓶口实体

单击"抽壳"图标 ，在弹出的"抽壳"对话框中选取如图 3-43 所示的瓶口上表面为要穿透的面，设置厚度为 0.5mm，抽壳结果如图 3-44 所示。

图 3-44 抽壳

单击"曲线"工具栏中的"螺旋线"图标，在弹出的如图 3-45a 所示对话框中，设置矢量为 Z 轴正方向，起点为（0，0，200），"直径"为 29mm，"螺距"为 5mm，起始长度为 0mm，结束长度为 18mm，单击"确定"按钮后生成如图 3-45b 所示的螺旋线。

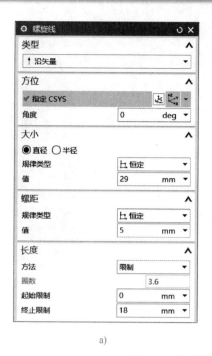
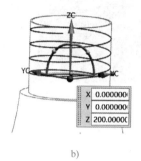

a)   b)

图 3-45 绘制螺旋线

单击"曲面"工具栏中的"更多"下三角按钮,再单击"管道"图标 ,选择螺旋线为路径,设置"外径"为 3mm,"内径"为 0mm,"布尔"为"无",生成的螺旋管道如图 3-46 所示。

单击"特征"工具栏中的"更多"下三角按钮,再单击"球"图标,在弹出的如图 3-47 所示对话框中,选择螺旋管道的两个端面中心为球心,设置"直径"为 3mm,"布尔"为"合并",目标体为螺旋管道,生成两端球面。

单击"修剪体"图标 ,以螺旋管道为目标体,瓶口内壁为工具体进行修剪,结果如图 3-48 所示。矿泉水瓶实体如图 3-49 所示。

图 3-46 螺旋管道

图 3-47 "球"对话框

图 3-48　修剪螺旋管道

图 3-49　矿泉水瓶实体

3.3　门把手的设计

3.3.1　任务描述

完成如图 3-50 所示门把手的设计。读者既可以按照以下步骤研习，也可以参考视频资料。

图 3-50　门把手

3.3.2　任务实施

1. 新建零件

进入 NX 建模环境后，在相应文件目录下，新建模型文件"门把手.prt"。

2. 创建门把手头部

设置图层 1 为工作图层，单击"特征"工具栏中的"更多"下三角按钮，再单击"圆柱"图标，在弹出的如图 3-51a 所示对话框中，设置"指定矢量"为 Z 轴（圆柱底部中心默认为草图原点），"直径"为 15mm，"高度"为 7mm，单击"确定"按钮后生成如图 3-51b 所示的圆柱体。

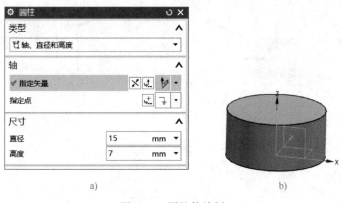

图 3-51　圆柱体绘制

设置图层 11 为工作图层，以 XZ 平面为草图平面，绘制如图 3-52a 所示的草图，并完成相关约束。单击"旋转"图标，在弹出的如图 3-52b 所示对话框中，选择图 3-52a 中的草图线串为截面线，"指定矢量"为 Z 轴，开始角度为 0°，结束角度为 360°，"体类型"为"片体"，单击"确定"按钮后生成如图 3-52c 所示的旋转体。

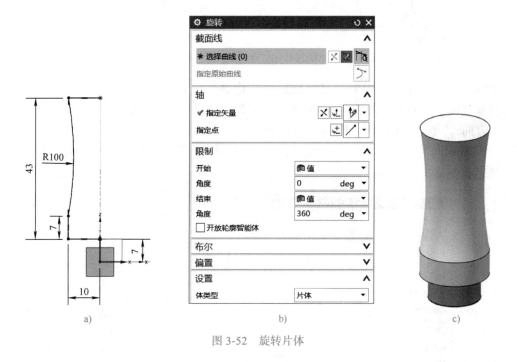

图 3-52　旋转片体

3. 创建门把手尾部

设置图层 12 为工作图层，以 XY 平面为草图平面，绘制如图 3-53 所示的草图并完成约束。

以 ZX 平面为草图平面，绘制如图 3-54 所示的草图并完成约束。草图右端为长半轴 25mm、短半轴 10mm 的椭圆，草图关于直径 L1 对称，R143 圆弧与椭圆相切，直线 L2 为之后要用的基准线。

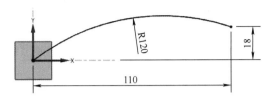

图 3-53　组合投影线（一）

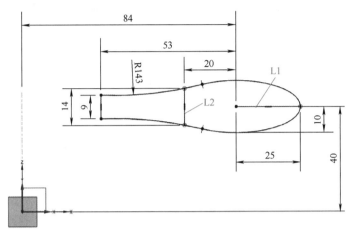

图 3-54　组合投影线（二）

单击"曲线"工具栏中的"组合投影"图标 ，在弹出的如图 3-55a 所示对话框中，依次选取如图 3-55b 所示的曲线 1、曲线 2、投影方向 1（沿 Z 轴正方向）、投影方向 2（沿 Y 轴正方向），组合投影曲线如图 3-55c 所示。

因为投影曲线必须单链，所以直线 L1 和 L2 还需要分别进行投影，操作方法同上，投影结果如图 3-55d 所示。

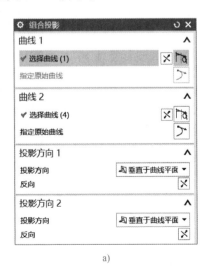

a)

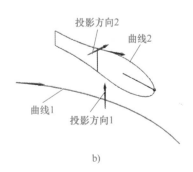

b)

图 3-55　组合投影

c)　　　　　　　　　　　　　　　　d)

图 3-55　组合投影（续）

单击"直线"图标✐，按图 3-56a 所示序号，选择起点，终点方向为投影后 R143 圆弧的法向，"支持平面"为 XY 平面向上 44.5mm 处，起始限制的距离为 0mm，终止限制的距离为 −7mm，绘制出如图 3-56b 所示的直线 L3。用相同的方法，在距离 XY 平面47mm 处绘制长度为 19mm 的直线 L4。

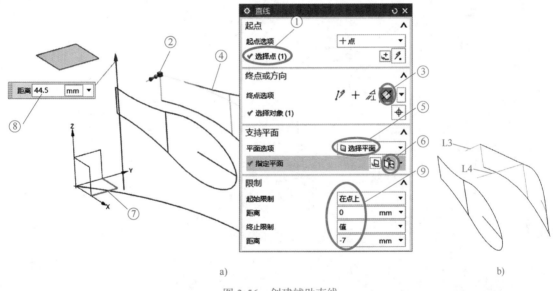

a)　　　　　　　　　　　　　　　　b)

图 3-56　创建辅助直线

设置图层 13 为工作图层，单击"草图"图标，在弹出的如图 3-57a 所示对话框中，选择"平面方法"为"新平面"，"指定平面"为两条直线（拾取图 3-57b 中的直线 L1、L2），"指定矢量"为 L1 的反向，指定原点坐标为两直线的交点。设置完成后，生成如图 3-57c 所示的草图平面。

在草图平面中绘制如图 3-58a 所示的草图并完成约束。注意：R3.2 圆弧的顶点在草图原点上，整个草图是对称的。

用相同的方法，在另一处绘制如图 3-58b 所示的草图并完成约束。草图绘制完成后，轴测视图形状如图 3-58c 所示。

单击"基准平面"图标▱，在弹出的如图 3-59a 所示对话框中，选择"类型"为"按某一距离"，参考平面为 XY 平面，"距离"为 40mm，生成如图 3-59b 所示的基准平面。

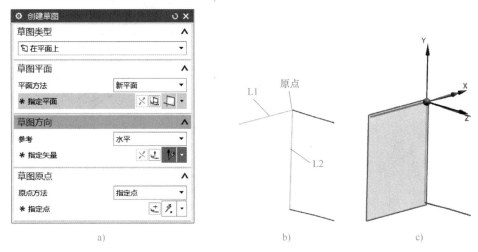

图 3-57 创建草图平面

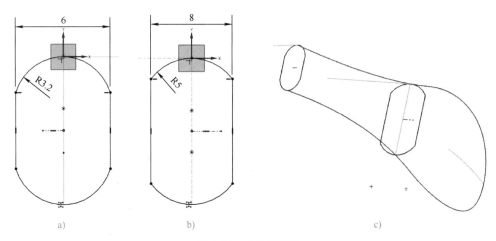

图 3-58 主曲线草图

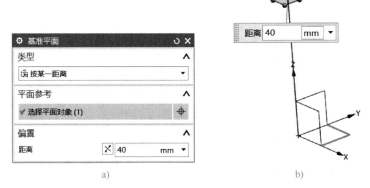

图 3-59 创建基准平面

单击"曲线"工具栏中的"点"图标＋，在弹出的如图 3-60a 所示对话框中，选择"类型"为"交点"，依次拾取图 3-60b 所示的基准面、草图边缘，单击"确定"按钮后生成交点。用相同的方法创建如图 3-60c 所示的另外三个交点。

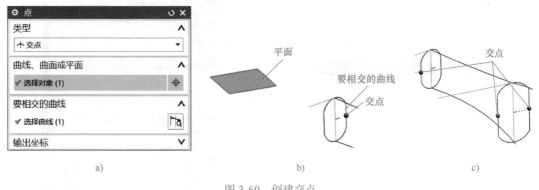

图 3-60　创建交点

单击"草图"图标，选择基准平面为草图平面，按如图 3-61 所示绘制 C1、C2、C3 三条圆弧，其中，C1 通过上方两个交点，C2 通过下方两个交点，C3 与 C1、C2 相切，并通过投影线的端点。按图中所示标注 R162 圆弧的半径，完成约束。

单击"曲线"工具栏中的"点"图标＋，选择"类型"为"端点"，拾取边界线的端点后，创建如图 3-62 所示的点。

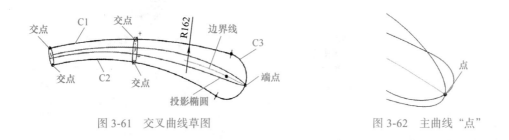

图 3-61　交叉曲线草图　　　　　　　图 3-62　主曲线"点"

单击内置菜单栏中的"编辑"→"曲线"→"分割"命令，弹出如图 3-63 所示的对话框，选择图 3-61 中的 C3 圆弧为要分割的曲线，选择组合投影中心线为边界对象，在端点处指定相交，完成对圆弧 C3 的分割。用相同的方法完成对投影椭圆在端点处的分割。

单击"曲面"工具栏中的"通过曲线网格"图标，弹出如图 3-64 所示的对话框，按图 3-65a 所示拾取前端草图截面、中间草图截面和端点为三条主曲线，再拾取如图 3-65a 所示的五条交叉曲线，其中第一条和第五条为同一条线，以实现封闭曲面。单击"确定"按钮后，所生成的曲面如图 3-65b 所示。

图 3-63　"分割曲线"对话框

图 3-64　"通过曲线网格"对话框

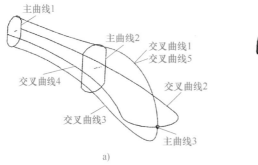

a)

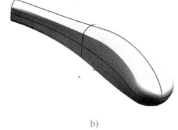

b)

图 3-65　尾部曲线网格曲面

4. 创建门把手中间部分

设置图层 14 为工作图层，在平行于 XY 平面向上 50mm 处创建如图 3-66a 所示的草图并完成约束；在平行于 XY 平面向上 20mm 处创建如图 3-66b 所示的草图并完成约束。

单击"曲面"工具栏中的"直纹"图标，系统弹出如图 3-66c 所示的对话框，拾取图层 14 中的两个草图平面为两条截面线，生成如图 3-66d 所示的直纹曲面。

单击"修剪体"图标，选择如图 3-67 所示的旋转片体为目标体，直纹曲面为工具体，选择保留方向后单击"确定"按钮。单击"拉伸"图标，选择图层 12 中的草图向上拉伸 55mm，生成如图 3-68 所示的片体。

单击"曲面"工具栏中的"扩大片体"图标，系统弹出如图 3-69a 所示的对话框，拾取如图 3-68 所示的片体，向左拉伸，使之完全超出旋转片体，如图 3-69b 所示。

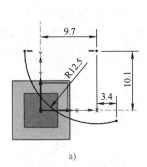

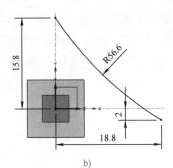

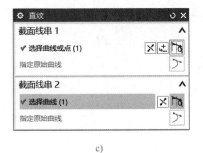

图 3-66　直纹曲面

图 3-67　修剪片体

图 3-68　拉伸片体

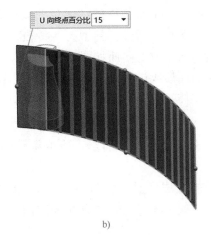

图 3-69　扩大片体

单击"相交曲线"图标，在弹出的如图 3-70a 所示对话框中，选取旋转片体为第一组面，扩大片体为第二组面，单击"确定"按钮后生成相交曲线；继续以旋转片体为第一组面，以图层 13 中的基准面为第二组面，单击"确定"按钮后生成相交曲线。生成的两组相交曲线如图 3-70b 所示。

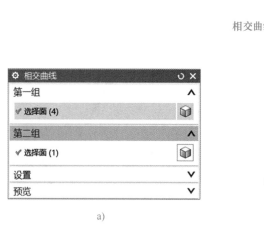

图 3-70　相交曲线

单击"桥接曲线"图标，系统弹出如图 3-71a 所示的对话框，按图 3-71b 所示选取起始对象和终止对象。在图 3-71a 所示对话框中，设置"开始"和"结束"均为相切连接，在形状控制中，设置开始相切幅值为"0.01"，结束相切幅值为"0.5"，单击"确定"按钮后生成如图 3-71c 所示的桥接曲线 L1。继续创建另外三条桥接曲线 L2、L3、L4（起始对象均为相交曲线），设置"开始"为相切连接，"结束"为曲率连接。其中 L2、L3 的开始相切幅值为"0.01"，结束相切幅值为"0.75"；L4 的开始相切幅值为"0.01"，结束相切幅值为"0.81"。

单击"曲面"工具栏中的"通过曲线网格"图标 ▦，按图 3-72a 所示拾取主曲线 1、主曲线 2 及五条交叉曲线，其中第一条和第五条为同一条线，以实现封闭曲面。单击"确定"按钮后，所生成的曲面如图 3-72b 所示。

由于在曲面形成过程中，部分区域间隙较大，不能直接缝合成实体，所以可以分区域单独缝合成实体，再通过布尔"合并"得到一个整体的实体。

单击"N 边曲面"图标 ▧，拾取如图 3-73a 所示的线串，生成如图 3-73b 所示的 N 边曲面。单击"缝合"图标 ▥，拾取旋转体为目标体，N 边曲面为工具体，使之缝合成一个实体。

用相同的方法，生成如图 3-73c 所示的 N 边曲面，并缝合整个柄部使之成为一个实体；同样生成如图 3-73d 所示的 N 边曲面，并缝合中间连接部分使之成为一个实体。

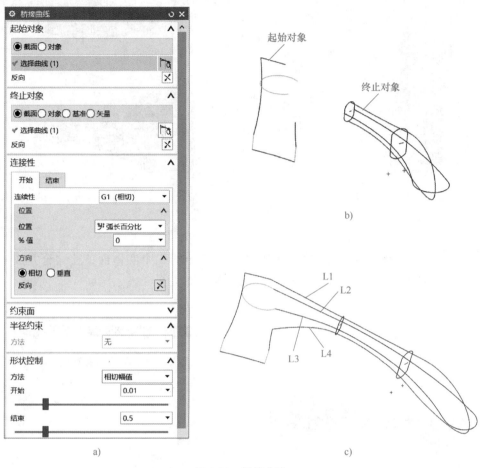

图 3-71　桥接曲线

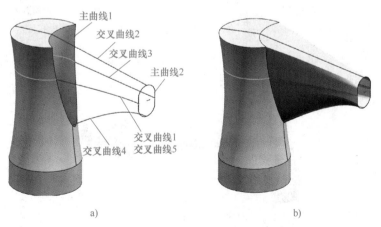

图 3-72　中间曲线网格曲面

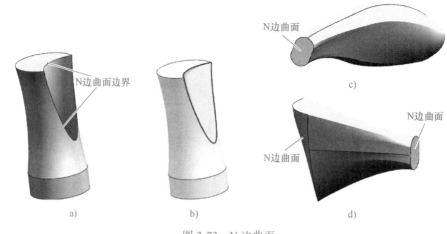

图 3-73　N 边曲面

单击"合并"图标，依次两两拾取如图 3-74 所示的四个实体面，使之合并成一个整体。必要时可以将如图 3-75 所示对话框中的公差改大一些。

图 3-74　合并求和

图 3-75　公差设置

单击"抽壳"图标，拾取下端圆柱底面为要穿透的面，设置厚度为 2mm 并单击"确定"按钮，完成如图 3-76 所示门把手的设计。

图 3-76　门把手效果图

3.4 花洒的设计

3.4.1 任务描述

完成如图 3-77 所示花洒的设计。读者既可以按照以下步骤研习，也可以参考视频资料。

图 3-77 花洒

3.4.2 任务实施

1. 新建零件

进入 NX 建模环境后，在相应文件目录下，新建模型文件"花洒.prt"。

2. 创建截面草图

设置图层 11 为工作图层，在 XZ 平面创建如图 3-78 所示的草图，并完成相关约束。约束时注意图形中的隐含几何关系，如圆弧与直线相切，两斜线右侧端点在草图 Y 轴上等。

以 YZ 平面为草图平面，绘制长半轴为 10mm、短半轴为 7.5mm、中心为坐标系原点的椭圆，连接绘制中心线，以中心线为边界，修剪掉椭圆左侧一半，如图 3-79 所示。

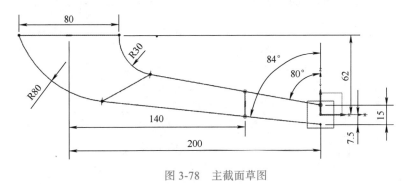

图 3-78 主截面草图

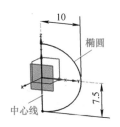

图 3-79 截面草图（一）

注：本任务中为了后面生成曲面时，能更容易地选择起点和方向，所以几个草图曲线都只保留一半。

单击"基准平面"图标 ▱，在弹出的如图 3-80a 所示对话框中，选取"按某一距离"

方式，拾取如图 3-80b 所示的 YZ 平面，设置偏置距离为 60mm，生成基准平面。

单击"草图"图标，选取基准面为草图平面。进入草图界面后，单击"投影曲线"图标 🔓，选取图 3-80b 中的直线 L，将其投影到草图中，单击"椭圆"图标，在弹出的如图 3-80c 所示对话框中，以图 3-80d 所示的投影线中心为椭圆中心，"大半径"为 14mm，"小半径"以指定点的方式，拾取投影线的上端点绘制椭圆，以投影线为边界，修剪保留一半的椭圆。

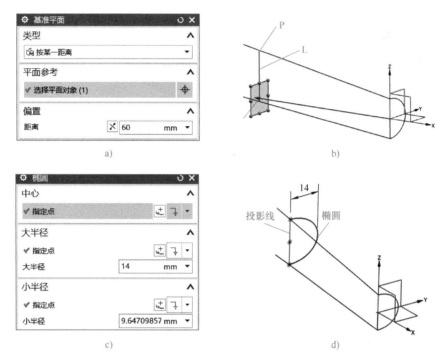

图 3-80　截面草图（二）

设置图层 12 为工作图层，单击"拉伸"图标，拾取如图 3-81a 所示的两条直线，沿 –Y 方向拉伸出两个如图 3-81b 所示的曲面（长度适中），用作草图基准面。

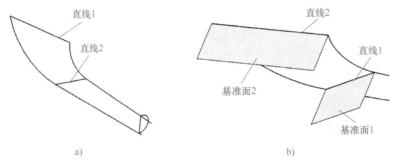

图 3-81　辅助曲面

如图 3-82 所示，以基准面 1 为草图平面创建草图，将直线 1 投影到草图中，以投影线中心为圆心，以投影线端点为圆弧上的一个点绘制出一个圆。以投影线为边界，修剪保留半个圆。

用相同的方法，在基准面 2 上绘制出如图 3-83 所示的半圆草图。

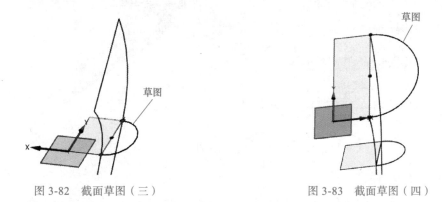

图 3-82 截面草图（三）　　　　　　　　图 3-83 截面草图（四）

3. 创建扫掠曲线

单击"曲面"工具栏中的"扫掠"图标 ，选取如图 3-84a 所示的四条截面线（只选半椭圆和半圆，不选中心线）和两条引导线，单击"确定"按钮后生成如图 3-84b 所示的曲面。

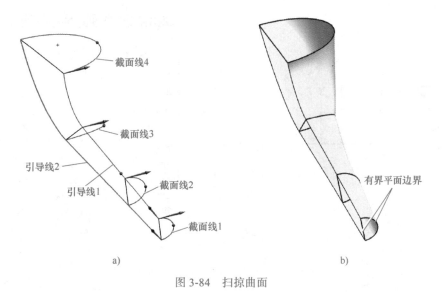

a)　　　　　　　　　　　　　　　　　b)

图 3-84 扫掠曲面

4. 镜像曲面

单击"曲面"工具栏中的"有界平面"图标 ，拾取如图 3-84b 所示的有界平面边界，生成下端面片体。单击"主页"工具栏中的"镜像特征"图标，在弹出的如图 3-85a 所示对话框中，选择扫掠曲面和有界平面为要镜像的特征，选择 XZ 平面为镜像平面，生成如图 3-85b 所示的曲面。

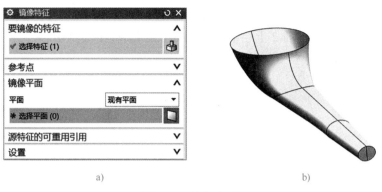

a)　　　　　　　　　　　　　　　b)

图 3-85　镜像曲面

5. 创建喷头曲面

设置图层 13 为工作图层，图层 11 为可见，绘制如图 3-86a 所示的草图并完成约束。单击"旋转"图标🛢，系统弹出如图 3-86b 所示的对话框。

选择如图 3-86c 所示的四条线为旋转截面线，选择直线 L 为旋转矢量，选择点 P 为旋转轴中心点，设置开始角度为 0°，结束角度为 360°，生成方式为片体。设置完成后，单击"确定"按钮，生成如图 3-86d 所示的旋转片体。

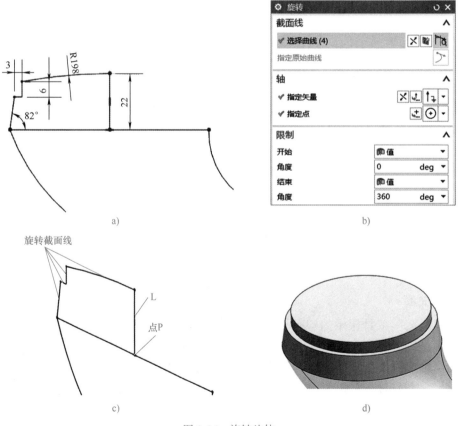

图 3-86　旋转片体

6. 缝合曲面

设置图层 1 为工作图层，单击"特征"工具栏中"更多"下三角按钮，再单击"缝合"图标📖，在弹出的如图 3-87a 所示对话框中，拾取如图 3-87b 所示的旋转面为目标片体，拾取两组扫掠曲面和两组有界平面为工具片体，单击"确定"按钮后生成实体。如果缝合后仍然是片体，未生成实体，可以适当把"缝合"对话框中的公差值设置大一些。

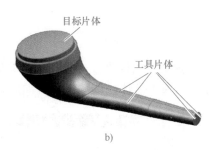

a)　　　　　　　　　　　　　b)

图 3-87　缝合片体

7. 创建圆周缺口

设置图层 14 为工作图层，在 YZ 平面创建草图，绘制一个以坐标原点为圆心，短半轴为 7mm（沿水平方向），长半轴为 7.5mm（沿竖直方向）的椭圆。单击"拉伸"图标，将此椭圆沿 X 正向拉伸 14mm，并与缝合实体"求和"，结果如图 3-88 所示。

设置图层 15 为工作图层，图层 13 为可见（以该图层草图的部分轮廓线为基准），在 XZ 平面创建草图，绘制如图 3-89 所示的 R16 圆弧，并完成约束。

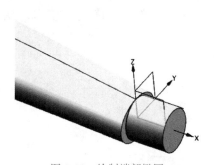

图 3-88　绘制端部椭圆

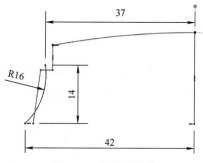

图 3-89　扫掠引导线

单击"基准平面"图标🔲，创建平行于 XY 平面、向上距离为 76mm 的基准平面。以此基准平面为草图平面创建草图，绘制如图 3-90 所示的 R9 圆弧，并完成约束。

注：图 3-90 中间一小段直线是过 R16 圆弧端点且平行于草图 X 轴的辅助线。R9 圆弧的圆心在此辅助直线上，R9 圆弧的顶点与此辅助直线端点重合。

单击"扫掠"图标🧽，以 R9 圆弧为截面线，R16 圆弧为引导线，绘制出如图 3-91 所示的扫掠曲面。

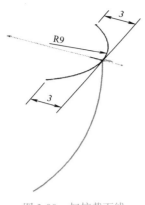

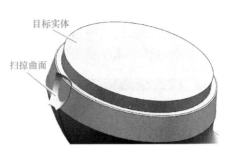

图 3-90　扫掠截面线

图 3-91　扫掠曲面

单击"修剪体"图标，在弹出的如图 3-92a 所示对话框中，以花洒主体为目标实体，以扫掠曲面为工具体，调整修剪方向后，结果如图 3-92b 所示。

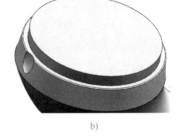

a)

b)

图 3-92　实体修剪

单击"阵列特征"图标，在弹出的如图 3-93a 所示对话框中，选择要阵列的对象为修剪体，设置布局方式为"圆形"阵列，旋转矢量为 Z 方向，旋转中心点坐标为（–200，0，62），"数量"为"15"，"节距角"为 24°。设置完成后单击"确定"按钮，结果如图 3-93b 所示。

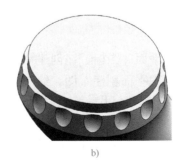

a)

b)

图 3-93　阵列修剪体

8. 抽壳

单击"抽壳"图标 🔲，在弹出的如图 3-94a 所示对话框中，设置厚度为 2mm，选择花洒柄部末端面为要穿透的面，单击"确定"按钮后结果如图 3-94b 所示。

图 3-94　抽壳

9. 创建喷水孔

设置图层 16 为工作图层，单击"基准平面"图标 🔲，创建平行于 XY 平面、向上距离为 84mm 的基准平面。以此基准平面为草图平面创建如图 3-95a 所示的草图，投影花洒顶部边缘圆弧为参考曲线，绘制等距（10mm）的三圈圆形阵列的圆，数量分别为 6、12、20，圆心点处数量为 1。

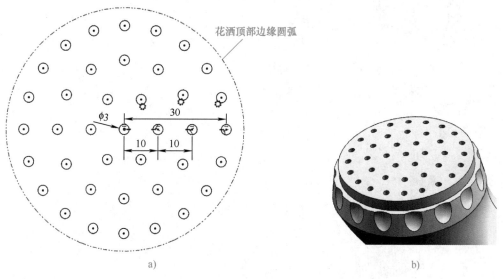

图 3-95　创建喷水孔

单击"拉伸"图标，将所有圆沿 –Z 方向拉伸 20mm，"布尔"为"求差"，单击"确定"按钮后结果如图 3-95b 所示。对各边缘进行 R0.5 倒圆后，最终结果如图 3-96 所示。

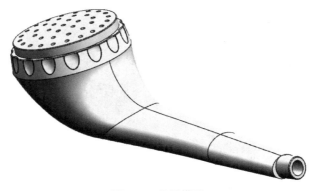

图 3-96　花洒模型

项目 4 平面铣削加工

4.1 NX 加工界面介绍

4.1.1 进入加工界面

NX CAM 主要是对已有的模型进行创建加工工序、生成刀轨、后处理产生数控程序、输出车间文档等操作。用户可以通过以下方法进入 NX 加工界面。

1）使用快捷键 <Ctrl+Alt+M>。

2）单击主菜单栏"应用模块"中的"加工"图标 。

系统弹出如图 4-1 所示的"加工环境"对话框，其中"CAM 会话配置"列表列出了系统提供的加工配置文件，选择不同的加工配置文件，"要创建的 CAM 组装"列表中的内容也有所不同。

图 4-1 "加工环境"对话框

指定 CAM 会话配置和相应的 CAM 组装配置后，单击"确定"按钮，系统就进入了如图 4-2 所示的 NX 加工界面。

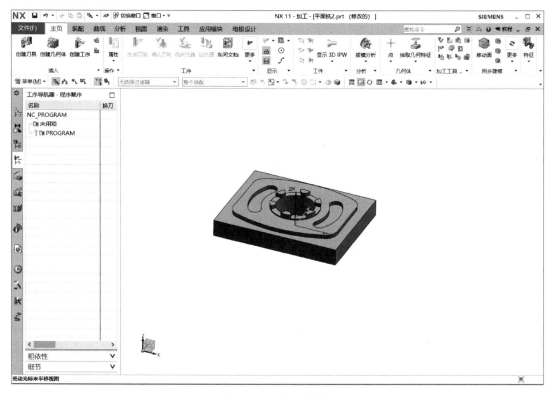

图 4-2　NX 加工界面

4.1.2　工具栏

NX 加工中常用的工具栏有：如图 4-3 所示的"插入"工具栏、如图 4-4 所示的"工序"工具栏、如图 4-5 所示的"操作"工具栏。其中"工序"工具栏和"操作"工具栏也可以在后续的工序导航器中右击，用弹出的浮动菜单中功能来实现。

图 4-3　"插入"工具栏

图 4-4　"工序"工具栏

图 4-5　"操作"工具栏

（1）"插入"工具栏　"插入"工具栏常用功能按钮的图标、名称及说明见表4-1。

表4-1　"插入"工具栏常用功能按钮的图标、名称及说明

图标	名称	说明
	创建程序	当一个部件工步较多时，可创建不同的程序组进行分类
	创建刀具	从刀库中选取（自定义）刀具类型，并对刀具的相关参数进行设置
	创建几何体	用于创建新的工件坐标系、部件几何体、切削区域等
	创建方法	创建新的粗或精加工方法，并对新方法进行不同的加工余量设置
	创建工序	根据产品的加工要求设置程序、刀具、几何体和加工方法四个父级组后，便可创建工序，此处一个工序相当于实际加工的一个工步

（2）"工序"工具栏　"工序"工具栏常用功能按钮的图标、名称及说明见表4-2。

表4-2　"工序"工具栏常用功能按钮的图标、名称及说明

图标	名称	说明
	生成刀轨	生成选定操作的刀轨
	确认刀轨	仿真验证刀轨及工件材料的切除
	机床仿真	用定义的机床仿真选定的刀轨
	后处理	将刀轨文件转化为机床可读取的数控程序文件
	车间文档	生成工序卡片和使用刀具列表

（3）"操作"工具栏　"操作"工具栏用于对选定的工序、刀具、程序等进行复制、粘贴、变换等操作。实际使用中，一般是在"工序导航器"中选定对象后右击，通过弹出的浮动菜单进行操作。

4.1.3　工序导航器

工序导航器是一种图形化的用户界面，用于管理当前部件的操作以及刀具、几何体、加工方法等操作参数。进入加工环境后，单击资源条中的"工序导航器"按钮，系统弹出如图4-6所示的"工序导航器"对话框（程序顺序视图）。

工序导航器采用树形结构显示程序、刀具、几何体和加工方法等对象，以及它们的从属关系。在工序导航器空白处右击，弹出如图4-7所示的浮动菜单。

图 4-6　"工序导航器"对话框（程序顺序视图）　　　　图 4-7　工序导航器的浮动菜单

　　单击"机床视图"，工序导航器切换成如图 4-8 所示的界面，在此界面可以对机床和刀具进行创建与编辑等操作。单击"几何视图"，工序导航器切换成如图 4-9 所示的界面，在此界面可以对工件坐标系、部件、毛坯、检查体进行设置与编辑。单击"加工方法视图"，工序导航器切换成如图 4-10 所示的界面，在此界面可以对各类加工方式的余量、公差等进行编辑。单击各个父节点边上的"+"号，可以在下方展开具体的加工工序，如图 4-11 所示。

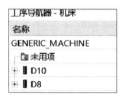

图 4-8　机床视图

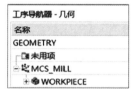

图 4-9　几何视图

图 4-10　加工方法视图

图 4-11　展开的几何视图

4.1.4　编辑工序对象

　　选中工序导航器中的任一对象并右击，系统弹出如图 4-12 所示的"编辑工序对象"快捷菜单。选中不同的对象，菜单中包含的项目也不尽相同。下面对菜单中的部分功能进行简要的说明。

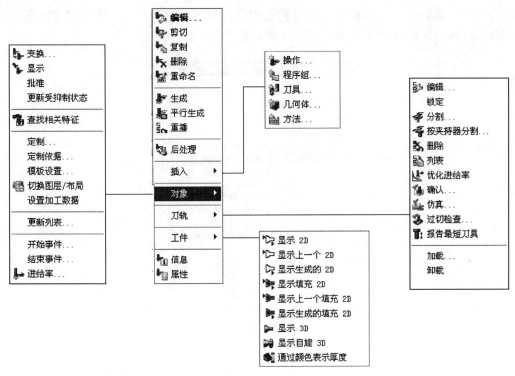

图 4-12　"编辑工序对象"快捷菜单

（1）"对象"子菜单中的"变换"命令　单击"对象"→"变换"命令，系统弹出如图 4-13 所示的"变换"对话框，可用于编辑操作和刀路，也可以对刀路进行移动、复制等，并保持与原来的操作关联。

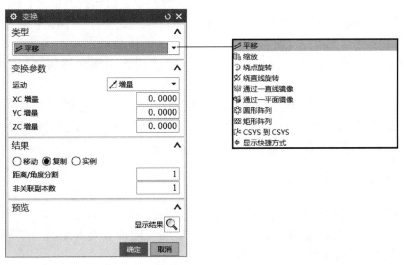

图 4-13　"变换"对话框

（2）"刀轨"子菜单

1）编辑。该命令用于编辑路径，如果刀路已经产生，选择该命令时将弹出如图 4-14

所示的"刀轨编辑器"对话框。在此对话框中可以对刀轨进行插入、编辑及删除等操作，系统会实时将刀轨的变化显示于绘图区内的刀路上。

图 4-14 "刀轨编辑器"对话框

2）锁定。该命令用于锁定选中的刀轨，防止无意间覆盖刀轨。

3）分割。该命令用于将现有操作分割成两个或两个以上操作，每个操作受限于最大切削时间或轨迹移动长度。

4）列表。列表显示一个信息窗口，其中包含转向点、机床控制信息、进给率等。

5）确认。该命令用于对刀轨进行实体化验证，从而进一步可视化检查刀轨及材料移除情况。

6）仿真。如果部件包含机床的运动模型，可使用此选项在切削过程中模拟机床的运动。

7）过切检查。该命令用于对工序导航器中高亮的操作进行过切检查。

8）报告最短刀具。创建刀具时如果设置了刀柄和夹持器，单击此命令，系统会计算出选定工序的最小夹持长度。一般用于四轴、五轴加工。

4.1.5 NX 加工的一般流程

NX 能够虚拟完成数控加工的全部过程，其一般流程如图 4-15 所示。

下面通过一具体实例说明 NX 加工的操作步骤，使读者对 NX 的加工环境、用户界面、操作流程有一个初步的认识和熟悉。

1）进入 NX 12，打开如图 4-16 所示的部件。

2）单击主菜单栏"应用模块"中的"加工"图标，按图 4-17 所示设置"加工环境"对话框，单击"确定"按钮后进入 NX 加工环境。

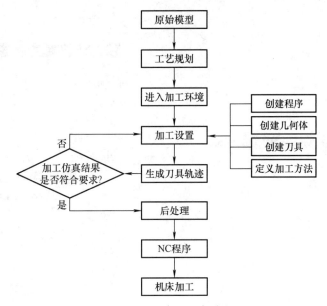

图 4-15　NX 加工一般流程

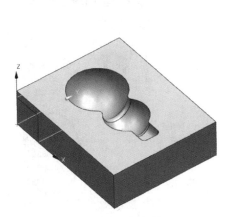

图 4-16　入门实例

图 4-17　"加工环境"对话框

3）单击"插入"工具栏中的"创建程序"按钮 ，系统弹出如图 4-18 所示的对话框，在"名称"文本框中输入程序名称为"型腔"，并单击"确定"按钮，完成程序创建。

4）单击"插入"工具栏中的"创建刀具"按钮 ，系统弹出如图 4-19 所示的对话框，在刀具子类型中选择图标 ，在"名称"文本框中输入刀具名称为"D12R2"，并单击"确定"按钮，系统弹出如图 4-20 所示的对话框，按图中所示，设置直径为 12mm，底圆半径为 2mm，刀长为 60mm，刀刃长度为 40mm，刀具号、补偿寄存器和刀具补偿寄存器均为"1"，其他为默认值并单击"确定"按钮。

5）重复步骤 4），在刀具子类型中选择图标 ，刀具名称为"R4"，按图 4-21 所示设置刀具相关参数。

图 4-18 "创建程序"对话框

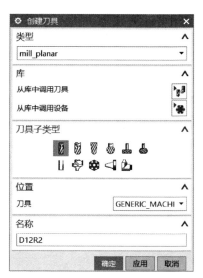

图 4-19 "创建刀具"对话框

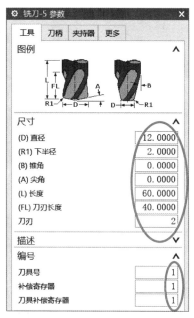

图 4-20 圆鼻刀参数设置

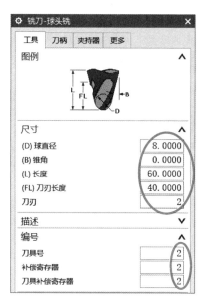

图 4-21 球头铣刀参数设置

6）将工序导航器切换为几何视图，双击MCS_MILL，在绘图区的坐标输入框中输入原点坐标为（70，60，40），机床坐标系被移至如图 4-22 所示的工件上表面中心位置。

7）双击 WORKPIECE，弹出如图 4-23 所示对话框，单击"指定部件"，选取整个实体为部件，单击"指定毛坯"，在弹出的如图 4-24 所示对话框中，选择"类型"为"包容块"，所有偏置均为 0。

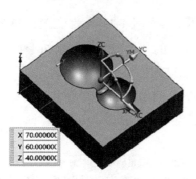

图 4-22　平移坐标系

图 4-23　指定部件与毛坯

图 4-24　创建毛坯几何体

8）单击"插入"工具栏中的"创建工序"按钮，系统弹出如图 4-25 所示的对话框，按图中所示设置类型、程序、几何体、名称等并单击"确定"按钮，系统弹出如图 4-26 所示的"型腔铣"对话框。按图中所示设置切削模式、步距、每刀切削深度等加工参数。

图 4-25　创建型腔加工工序

图 4-26　"型腔铣"对话框

9）单击图 4-26 中的"进给率和速度"按钮 ，按图 4-27 所示设置主轴转速为 2000r/min，切削进给率为 200mm/min。单击图 4-26 中的"生成刀轨"按钮 ，系统生成的刀轨如图 4-28 所示。

10）单击图 4-26 中的"确认刀轨"按钮 ，系统弹出如图 4-29 所示的"刀轨可视化"对话框。在该对话框中选择"2D 动态"选项卡，单击"播放"按钮 ，粗加工实体仿真效果如图 4-30 所示。

11）单击"插入"工具栏中的"创建工序"按钮，系统弹出如图 4-31 所示的对话框，按图中所示设置类型、程序、几何体、名称等，单击"确定"按钮后，系统弹出如图 4-32 所示的"固定轮廓铣"对话框。

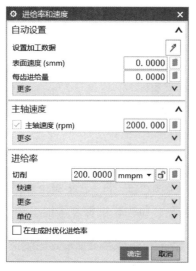

图 4-27　转速与进给设置

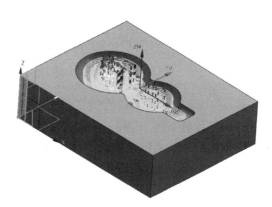

图 4-28　粗加工刀轨

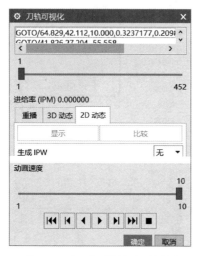

图 4-29　"刀轨可视化"对话框

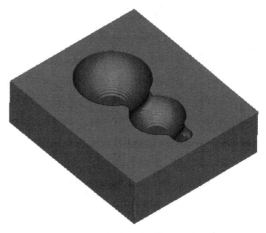

图 4-30　粗加工实体仿真效果

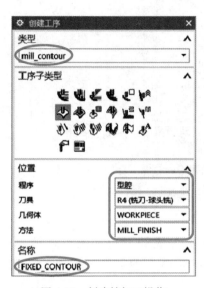

图 4-31　创建精加工操作

图 4-32　"固定轮廓铣"对话框

12）单击图 4-32 中的"指定切削区域"按钮，系统弹出如图 4-33 所示的"切削区域"对话框，按图 4-34 所示选择精加工区域。

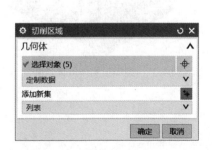

图 4-33　"切削区域"对话框

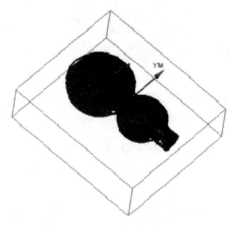

图 4-34　选择精加工区域

13）在"固定轮廓铣"对话框中，驱动方法选择"区域铣削"，按图 4-35 所示设置切削参数。

14）单击图 4-32 中的"进给率和速度"按钮，在弹出的对话框中设置主轴转速为 3000r/min，切削进给率为 500mm/min。

图 4-35　精加工切削参数设置

15）单击图 4-32 中的"生成刀轨"按钮，系统生成的刀轨如图 4-36 所示。单击图 4-32 中的"确认刀轨"按钮，在弹出的对话框中选择"2D 动态"选项卡，单击"播放"按钮▶，精加工实体仿真效果如图 4-37 所示。

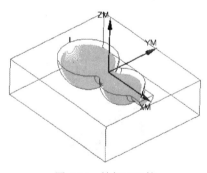

图 4-36　精加工刀轨

图 4-37　精加工实体仿真效果

4.2　平面铣削

4.2.1　加工几何体

打开一个部件文件，单击主菜单栏"应用模块"中的"加工"图标，在弹出的"加工环境"对话框中选择"CAM 会话配置"为 cam_general，"要创建的 CAM 组装"为

mill_planar，单击"确定"按钮后进入平面铣削加工界面。

完成程序、刀具、几何体、加工方法等父级组的创建后，单击"创建工序"按钮 ，系统弹出如图 4-38 所示的"创建工序"对话框，选择加工类型为mill_planar，子类型为 ，单击"确定"按钮后，系统弹出如图 4-39 所示"平面铣"对话框，对话框最上端为几何体选项。

图 4-38　"创建工序"对话框

图 4-39　"平面铣"对话框几何体选项

（1）几何体选项说明　平面铣加工几何体包含指定部件边界、指定毛坯边界、指定检查边界、指定修剪边界、指定底面等选项，各选项的具体说明见表 4-3。

表 4-3　平面铣加工几何体选项的图标、名称及说明

图标	名称	说明
WORKPIECE	几何体下拉列表框	选择此操作要继承的父级组几何体
	新建几何体	为此操作创建新的几何体，并将其放在工序导航器的几何体视图中，供其他操作使用
	编辑几何体	编辑此操作继承的父级组几何体
	指定部件边界	指定平面铣削的加工区域，可通过面、曲线、边界和点来选取和确定
	指定毛坯边界	指定要进行切削的材料边界，可通过面、曲线、边界和点来选取和确定
	指定检查边界	指定不允许切削的部位，如夹具或其他需避免加工的区域
	指定修剪边界	指定整个刀轨切削范围内不希望被切削的区域，即用边界对已有刀轨进行修剪
	指定底面	指定平面铣削的最底深度
	显示	高亮显示要验证选择的选中几何体，当其显示为灰色时，表示尚未指定几何体

（2）"边界几何体"对话框　当指定部件、毛坯、检查、修剪边界时，系统弹出如图 4-40 所示的"边界几何体"对话框，各选项的说明见表 4-4。

图 4-40 "边界几何体" 对话框

表 4-4 "边界几何体" 对话框中各选项及说明

名称	说明
曲线 / 边	通过选择曲线或边缘来创建边界。选中此选项系统弹出如图 4-41 所示的 "创建边界" 对话框
边界	通过选择永久边界作为外形轮廓，选中此选项后，单击 "列出边界"，可显示当前已经定义的永久边界
面	通过选取面来定义外形轮廓
点	通过定义一系列点，以直线连接这些点创建临时边界。选中此选项系统弹出如图 4-41 所示的 "创建边界" 对话框
材料侧	指定加工时保留的哪一侧的材料，针对封闭、开放轮廓有内部 / 外部、左侧 / 右侧之分
定制边界数据	用于设置与选定边界相关联的公差、侧面余量、毛坯距离和切削参数等
忽略孔	选中此选项，系统忽略边界面上的孔；若取消选中此选项，系统会为所选面上的孔创建边界
忽略岛	选中此选项，系统忽略边界面上的岛；若取消选中此选项，系统会为所选面上的岛创建边界
忽略倒斜角	选中此选项，选择面时创建边界包括与选定面相邻的倒角；若取消选中此选项，系统仅会对所选面创建边界
凸边 / 凹边	"对中" 选项可以沿边界指定对中刀具位置，"相切" 选项可以沿边界指定相切刀具位置

（3）创建边界对话框　当边界几何体的模式选定为曲线/边或边界时，系统弹出如图 4-41 所示的"创建边界"对话框，各选项说明见表 4-5。

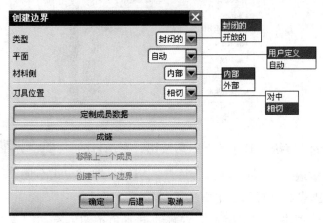

图 4-41　"创建边界"对话框

表 4-5　"创建边界"对话框中各选项及说明

名称	说明
类型	当"类型"设置为"封闭的"时，若选择的曲线串或边无法形成一个封闭区域，则系统在可能的情况下，延伸第一条和最后一条曲线使之形成一个封闭区域；当"类型"设置为"开放的"时，选择一条或多条不封闭的曲线为边界，此时"材料侧"的选项为"左侧"和"右侧"
平面	用于指定边界所在的平面，当为"自动"时，系统将从前两个选定的曲线或前三个点创建边界平面；当为"用户定义"时，用户需通过"平面构造器"来指定边界平面
刀具位置	用于指定刀具逼近边界的方式，"相切"时刀具的一侧与边界对齐；"对中"时刀具的中心与边界对齐
成链	选择第一条和最后一条边界时，系统自动选取中间的所有边界
移除上一个成员	用于删除最近定义的一条边界
创建下一个边界	选取边界前，已有一个以上的边界存在，则单击该按钮，之后选取的曲线作为下一个边界

（4）检查边界与修剪边界　在生成刀轨时，若某些区域因为有定位或夹紧等元件不能切削，可以定义此处为检查边界，刀轨生成时会避开这些区域。设置修剪边界可以对刀轨进行修剪清除。

4.2.2　刀轨设置

刀轨设置是创建操作中的一个重要环节，刀轨参数设置得合理与否将直接影响工件的加工质量与加工效率。平面铣操作中刀轨设置主要包括加工方法、切削模式的选择，步距、切削层、切削参数、非切削移动、进给率和速度的设置，如图 4-42 所示。

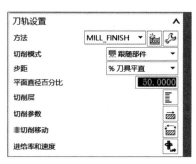

图 4-42　平面铣刀轨设置

（1）方法　单击"方法"右侧的下三角按钮，有METHOD、MILL_FINISH、MILL_ROUGH、MILL_SEMI_FINISH、NONE五个加工方法供选择。用户可通过单击右侧的"新建"按钮 和"编辑"按钮 新建或对已有的加工方法进行编辑。

（2）切削模式　单击"切削模式"右侧的下三角按钮，有如图 4-43 所示的 8 种切削模式。

图 4-43　切削模式

1）跟随部件。通过指定的部件几何体形成相应数量的偏置刀轨来创建刀路的切削模式，如图 4-44 所示。这些刀轨是通过偏置切削区域外轮廓和岛屿轮廓获得的。

2）跟随周边。创建一系列同心封闭的环形刀轨，如图 4-45 所示。这些刀轨是通过偏置切削区的轮廓获得的。

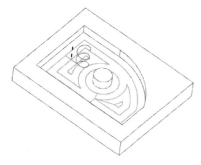

图 4-44　"跟随部件"切削刀轨

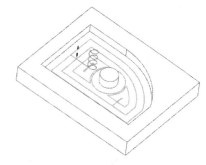

图 4-45　"跟随周边"切削刀轨

3）轮廓。创建单一或指定数量的绕切削区轮廓的刀轨，如图 4-46 所示。其目的是实现侧面的精加工。

4）标准驱动。类似于轮廓切削模式，其切削刀轨如图 4-47 所示。与轮廓切削模式不同之处为，标准驱动生成的刀轨允许自我交叉。标准驱动时，系统不检查过切。

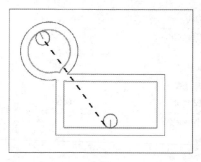

图 4-46　"轮廓"切削刀轨

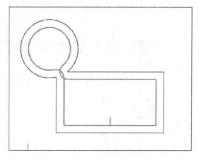

图 4-47　"标准驱动"切削刀轨

5）摆线。采用滚动切削方式生成刀轨，如图 4-48 所示。大多数切削方式会在岛屿间的狭窄区域产生吃刀量过大的现象，采用此方式可以避免因吃刀量过大导致的断刀现象。

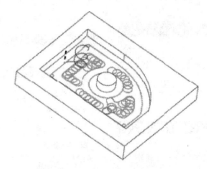

图 4-48　"摆线"切削刀轨

6）单向。产生一系列单一方向的平行刀轨。刀具在完成一条切削刀路后，通过"抬刀"→"快速移动至下一切削起点"→"下刀"到达另一条切削刀路的起点，此方式在切削过程中保持一致的顺铣和逆铣，但加工效率较低。

7）往复。创建一系列来回的平行刀轨，这种切削模式可以实现刀具在步距间连续的进刀，加工效率比单向切削高。但刀具会交替进行顺铣和逆铣切削，对刀具损伤较大。

8）单向轮廓。创建一系列带周边壁面切削的单向平行刀轨，因此壁面的加工质量比单向要好些。

（3）步距　步距指切削刀路之间的距离。系统提供了恒定、残余高度、刀具平直百分比、多个共 4 个选项。

1）恒定：通过输入固定的数值来指定相邻刀路之间的距离。

2）残余高度：通过指定两刀路之间残留材料的高度，系统将计算达到此残余高度所需的步距。

3）刀具平直百分比：通过刀具直径的百分比来指定固定的步距。

4）多个：允许为各部件边界指定多个不同步距和相应的刀路数，第一行刀路为最靠近边界的刀路。

（4）切削层　用于指定平面铣的每个切削层的深度。单击"切削层"按钮，系统弹出如图 4-49 所示的"切削层"对话框。

图 4-49　"切削层"对话框

1）恒定。如图 4-49a 所示，用于分层多刀切削，输入一个固定深度值，除最后一层可能小于最大深度值外，其余各层均按照此深度值进行切削。

2）用户定义。如图 4-49b 所示，其中各选项含义如下："公共"为初始层与最终层之间允许的最大切削深度；"最小值"为初始层与最终层之间允许的最小切削深度；"离顶面的距离"为第一刀切削（初始层）的切削深度；"离底面的距离"为最后一刀切削（最终层）的切削深度。

3）仅底面。如图 4-49c 所示，刀具仅对底面进行切削。

4）底面及临界深度。如图 4-49d 所示，在底面生成单个切削层刀轨，接着在每个岛顶部生成一个清理刀轨，如图 4-50 所示。清理刀轨仅限于每个岛的顶面，且不会切削岛边界的外侧。

5）临界深度。如图 4-49e 所示，在底面及岛的顶面生成刀轨。与"底面及临界深度"不同之处在于，"临界深度"每一层的切削刀轨都覆盖整个毛坯断面，如图 4-51所示。

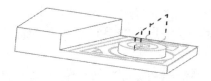

图 4-50 "底面及临界深度"切削刀轨

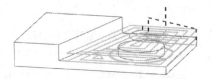

图 4-51 "临界深度"切削刀轨

（5）切削参数 用于设置操作的切削参数，单击"切削参数"按钮，系统弹出如图 4-52 所示的对话框，它共有"策略""余量""拐角""连接""空间范围""更多"六个选项卡。

1）"策略"选项卡定义了切削方向、切削顺序等最常用最主要的参数。

2）"余量"选项卡主要用于确定完成当前操作后部件上剩余的材料量，可以为底面和部件内、外壁面指定余量。

3）"拐角"选项卡主要用于工件拐角部位刀轨过渡方式和进给量的设置。

4）"连接"选项卡用于定义多个切削区域的加工顺序。设置为"标准"时，系统一般将边界的创建顺序作为切削区域的加工顺序；设置为"优化"时，系统根据最佳加工效率来确定切削区域的加工顺序；设置为"跟随起点"和"跟随预钻点"时，系统根据指定切削区域的起点和预钻点所采用的顺序来确定加工顺序。

5）"空间范围"选项卡用于定义前道工序加工后，所剩余的未切削掉的材料。其中"使用参考刀具"选项为上次工序对区域进行粗加工的刀具，系统计算出该刀具加工后剩余的未切削部分，然后用当前的刀具生成刀轨。当前刀具的半径要小于参考刀具的半径。

6）"更多"选项卡用于设定"安全距离"（用于定义刀具夹持器不能触碰的扩展安全区域）、"底切"（刀具在生成底切刀轨时，防止刀具夹持器碰到部件几何体）和"下限平面"（指定刀具向下运动时不能超越的平面）。

图 4-52 "切削参数"对话框

（6）非切削移动 单击"刀轨设置"中的"非切削移动"按钮，系统弹出如图 4-53 所示的"非切削移动"对话框。非切削移动一般用于切削之前、之后和之间定位刀具，其可以是一个简单的单个进刀和退刀，也可以是一系列定制的进刀、退刀和移刀运动。

"非切削移动"对话框中有"进刀""退刀""起点/钻点""转移/快速""避让""更多"6个选项卡。

（7）进给率和速度　单击"刀轨设置"中的"进给率和速度"按钮，系统弹出如图 4-54 所示的对话框，用户可以进行主轴转速和切削进给率的设置。

图 4-53　"非切削移动"对话框

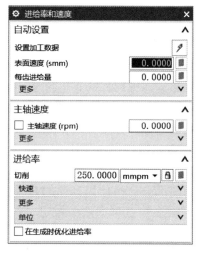

图 4-54　"进给率和速度"对话框

4.2.3　平面铣的子类型

进入平面铣加工模块创建平面铣操作时，系统会弹出如图 4-38 所示的"创建工序"对话框。该对话框中包含所有平面铣的子类型，其图标及说明见表 4-6。

表 4-6　平面铣子类型图标、名称及说明

图标	名称	说明
	底壁加工	选择要切削的底面并设置毛坯厚度后，针对底面区域的加工，若选中"自动壁"复选框，会对底面的壁进行轮廓铣削
	带 IPW 的底壁加工	选择要切削的底面后，系统根据上一把刀加工后的工件形状，确定要切除的残料
	使用边界铣削	多用于线框模型，选择面、曲线或点来定义切削区域
	表面手动铣	当一个工序由多个切削区域组成时，可以手动对各个区域指定不同的切削模式
	平面铣	定义部件边界、毛坯边界和底面后，可进行多区域多个切削深度的平面铣削。其中部件边界需要平行于底面

（续）

图标	名称	说明
	平面轮廓铣	使用"轮廓"切削模式生成单刀路和沿部件边界描绘轮廓的多层平面刀路
	清理拐角	清理之前加工残留下来的小的拐角，毛坯为"使用 2D IPW"。一般用于大直径刀具加工后，未被切除的拐角残料的清理
	精铣侧壁	与平面铣基本相同，但切削方式默认设置为"轮廓"，切削深度默认设置为"仅底面"，用来精铣侧壁
	精铣底面	与平面铣基本相同，但切削方法默认设置为"跟随部件"，切削深度默认设置为"仅底面"，用来精铣底面
	槽铣削	通过指定单个平面来指定槽，用 T 形铣刀切削单个线形槽
	铣孔	选择孔几何特征之后，用立铣刀（或键槽铣刀）对孔进行螺旋铣削
	铣螺纹	选择孔的特征后，用螺纹铣刀进行内螺纹的铣削。一般用于加工较大无法攻螺纹的孔
	文字雕刻	仅可对制图文本创建的文字线形轮廓进行雕刻
	用户定义的铣削	需要定制 NX Open 程序以生成刀路的特殊工序

4.3 平面铣削实例

4.3.1 任务分析

打开光盘文件 sample/source/04/ 平面铣削.prt，工件材料为 45 钢，完成如图 4-55 所示零件的平面铣削。读者既可以按照以下步骤研习，也可以参考视频资料。

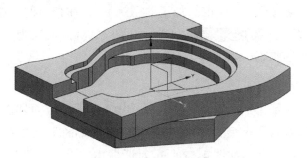

图 4-55 平面铣削实例

1. 加工方案

本任务为 2.5 轴的平面铣削加工，俯视面、仰视面和后视面均需要加工。对于立式加工中心，需要分三次装夹。实际加工中，每一次装夹对应一个独立的程序。在 NX 软件中，需要对每一次装夹设置一个独立的加工坐标系。为了在加工仿真时能动态地反映各工序完成后的实体效果变化，三个坐标系之间需要设置继承关系。

俯视图外轮廓用 φ26mm 的立铣刀进行粗、精加工；俯视图型腔用 φ16mm 的键槽铣刀进行粗加工，用 φ12mm 的键槽铣刀进行精加工；因后视图和仰视图的尺寸精度要求不高，直接采用 φ26mm 的立铣刀加工。

2. 刀具及切削用量选取

由于零件材料为 45 钢，故可选用高速钢材料的刀具。本任务中，刀具及切削参数的选用见表 4-7。

表 4-7 刀具及切削参数的选用

加工工序		刀具及切削参数					
		刀具规格			主轴转速 /(r/min)	进给率 /(mm/min)	每刀切深 /mm
序号	加工内容	刀号	刀具名称	材料			
1	俯视图外轮廓粗加工	T1	φ26 立铣刀	高速钢	850	200	3
2	俯视图外轮廓精加工	T1	φ26 立铣刀	高速钢	1200	150	—
3	俯视图型腔粗加工	T2	φ16 键槽铣刀	高速钢	1000	150	2
4	俯视图型腔精加工	T3	φ12 键槽铣刀	高速钢	1500	100	—
5	后视图加工	T1	φ26 立铣刀	高速钢	1000	150	3
6	仰视图加工	T1	φ26 立铣刀	高速钢	1000	150	10（侧面多刀路）

4.3.2 任务实施

1. 打开文件进入加工环境

单击主菜单栏"应用模块"中的"加工"图标 ，在弹出的"加工环境"对话框中选择"CAM 会话配置"为 cam_general，"要创建的 CAM 组装"为 mill_planar，单击"确定"按钮后进入平面铣削加工界面。

2. 创建刀具

单击"插入"工具栏中的"创建刀具"按钮 ，在弹出的如图 4-56 所示"创建刀具"对话框中，选择刀具子类型为"立铣刀" ，在"名称"文本框中输入"D26"，并单击"确定"按钮，在弹出的如图 4-57 所示对话框中，设置直径为 26mm，刀刃长度为 20mm，刀长为 40mm，刀具号为 1 号，单击"确定"按钮完成刀具的创建。用相同的方法创建 φ16mm 和 φ12mm 键槽铣刀。

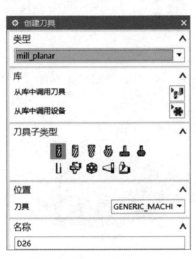

图 4-56　"创建刀具"对话框

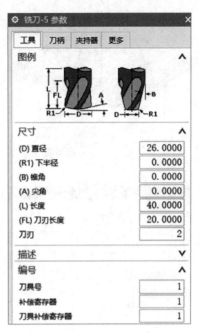

图 4-57　设置刀具参数

在工序导航器空白处右击，在弹出的浮动菜单中单击"机床视图"后，工序导航器界面如图 4-58 所示。

3. 创建几何体

在立式三轴数控铣床中，此零件需要分三次装夹进行加工，因此需要分别为三次装夹设置坐标系和几何体。在工序导航器空白处右击，在弹出的浮动菜单中单击"几何视图"后，工序导航器界面如图 4-59 所示。

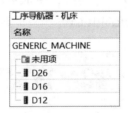

图 4-58　机床视图

图 4-59　几何视图

（1）俯视图几何体的创建　双击图 4-59 中的"MCS_MILL"，在如图 4-60 所示绘图区的坐标输入框中输入原点坐标为（0，0，-10），工件坐标系被移动至工件底面中心位置。

双击图 4-59 中的"WORKPIECE"，系统弹出如图 4-61 所示的"工件"对话框，单击"指定部件"按钮，拾取图 4-60 中的实体为部件，单击"指定毛坯"按钮，在弹出的如图 4-62 所示对话框中，设置"类型"为"包容块"，各个轴向偏置都是 0，单击"确定"按钮，俯视图坐标系、部件和毛坯如图 4-63 所示。

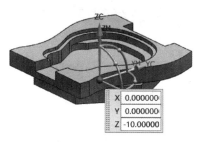

图 4-60　移动坐标原点

图 4-61　"工件"对话框

图 4-62　"毛坯几何体"对话框

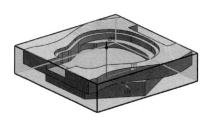

图 4-63　俯视图几何体

（2）后视图几何体的创建　单击"曲线"工具栏中的"直线"图标／，拾取如图 4-64 所示实体上的点 A、点 B 绘制出直线，以线段 AB 的中点 C 为起点，绘制一条平行于 -Z 方向的直线 CD。

单击"插入"工具栏中的"创建几何体"按钮，在弹出的如图 4-65 所示对话框中，"几何体子类型"选择"加工坐标系"，父级组几何体选择"WORKPIECE"，在"名称"文本框中输入"MCS- 后视图"，单击"确定"按钮，系统弹出如图 4-66 所示的对话框，选取指定坐标系方式为，选择 AB 直线右侧和 CD 直线前端，生成如图 4-67 所示的 MCS- 后视图加工坐标系，其几何体和毛坯继承"WORKPIECE"。坐标系设置成功后隐藏两条辅助直线。

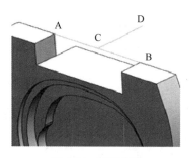

图 4-64　辅助直线

图 4-65　"创建几何体"对话框

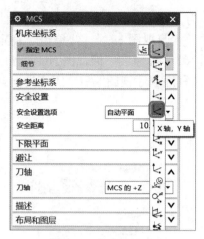

图 4-66　指定坐标系

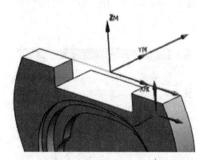

图 4-67　MCS– 后视图加工坐标系

（3）仰视图几何体的创建　单击"插入"工具栏中的"创建几何体"按钮，在弹出的"创建几何体"对话框中，几何体子类型选择"加工坐标系"，父级组几何体选择"WORKPIECE"，在"名称"文本框中输入"MCS– 仰视图"，单击"确定"按钮，系统弹出"MCS"对话框，选取指定坐标系方式为 ，单击如图 4-68 所示的枢纽点 A，输入旋转角度 180°，单击"确定"按钮后生成如图 4-69 所示的 MCS– 仰视图加工坐标系，其几何体和毛坯继承"WORKPIECE"。

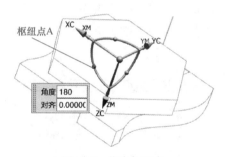

图 4-68　指定枢纽点

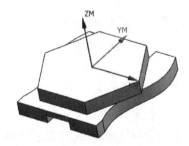

图 4-69　MCS– 仰视图加工坐标系

本任务中，所有几何体和坐标系的设置如图 4-70 所示。

图 4-70　平面铣加工几何设置

4. 创建程序

在立式三轴数控铣床中，此零件需要分三次装夹进行加工，每个加工位置对应一组加工程序，后处理后，生成三组程序。单击"插入"工具栏中的"创建程序"按钮，系统弹出如图 4-71 所示的对话框，设置"类型"为"mill_planar"，"程序"为"NC_PROGRAM"，在"名称"文本框中输入程序名称为"俯视图 NC"，并单击"确定"按钮，完成程序的创建。用相同的方法创建"后视图 NC"程序和"仰视图 NC"程序。在工序导航器空白处右击，在弹出的浮动菜单中单击"程序顺序视图"后，工序导航器界面如图 4-72 所示。

图 4-71 "创建程序"对话框

图 4-72 程序顺序视图

5. 创建工序

（1）俯视图工序

1）俯视图外轮廓铣削。单击"插入"工具栏中的"创建工序"按钮，在弹出的如图 4-73 所示对话框中，设置"类型"为"mill_planar"，"工序子类型"为"平面轮廓铣"，按图中所示选取程序、刀具、几何体和方法，工序名称为默认设置。单击"确定"按钮后，系统弹出如图 4-74 所示的"平面轮廓铣"对话框。

图 4-73 创建平面轮廓铣工序

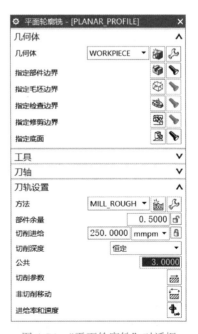

图 4-74 "平面轮廓铣"对话框

单击"指定部件边界"按钮，在弹出的如图 4-75a 所示对话框中，选择"模式"为"曲线 / 边"，在弹出的如图 4-75b 所示对话框中，选择"类型"为"开放"，"材料侧"为"右"。依次选取如图 4-75c 所示的 S1、L1，单击图 4-75b 中的"创建下一个边界"按钮，选取 L2、S2，完成部件边界的选取。

单击"指定底面"按钮，系统弹出如图 4-75d 所示的"平面"对话框，拾取图 4-75c 中的面 P 为底面。

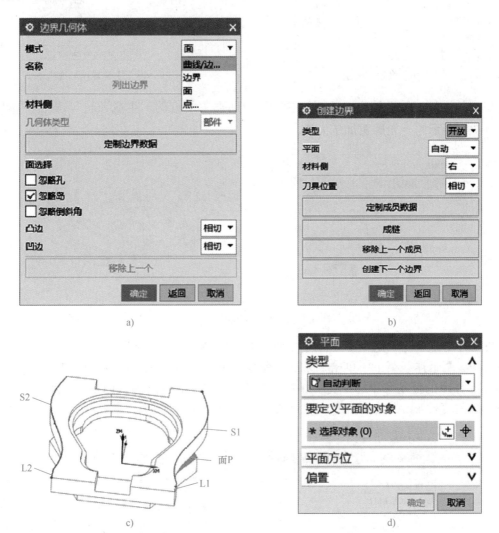

图 4-75 设置部件边界和底面

在"刀轨设置"中设置"切削深度"为 3mm，单击"切削参数"按钮 ⚏，在弹出的如图 4-76 所示"切削参数"对话框"余量"选项卡中，设置部件余量为 0.5mm，最终底面余量为 0.3mm。单击"进给率和速度"按钮 ✚，在弹出的如图 4-77 所示对话框中，设置主轴转速为 850r/min，进给率为 200mm/min。

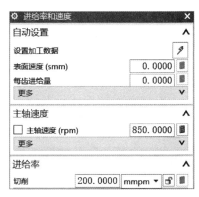

图 4-76 设置切削余量　　　　　图 4-77 设置主轴转速与进给率

单击如图 4-78a 所示的"平面轮廓铣"对话框中下方的"生成刀轨"按钮，生成如图 4-78b 所示的外轮廓粗加工刀轨。

a)

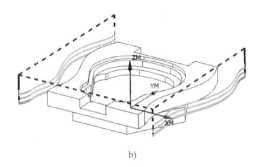

b)

图 4-78 生成外轮廓粗加工刀轨

在工序导航器中，选中上一步生成的"PLANAR_PROFILE"工序并右击，在弹出的如图 4-79a 所示浮动菜单中单击"复制"命令。再次选中"PLANAR_PROFILE"工序并右击，在弹出的浮动菜单中单击"粘贴"命令，即在 PLANAR_PROFILE 操作下面生成了此操作的复件 PLANAR_PROFILE_COPY，如图 4-79b 所示。

a)

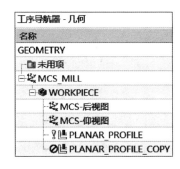

b)

图 4-79 外轮廓刀轨复制

双击"PLANAR_PROFILE_COPY"，在弹出的"平面轮廓铣"对话框"刀轨设置"

中，选择加工方法为精加工"MILL_FINISH"，切削深度为 15mm（当切削深度超出底面时，最终切削深度由底面控制，因此可以给大一些）；在"切削参数"对话框的"余量"选项卡中，设置部件余量和最终底面余量均为 0mm；在"进给率和速度"对话框中，设置主轴转速为 1200r/min，进给率为 150mm/min。

单击"平面轮廓铣"对话框中下方的"生成刀轨"按钮，生成如图 4-80 所示的外轮廓精加工刀轨。单击"确认刀轨"按钮，系统弹出如图 4-81 所示的"刀轨可视化"对话框。在该对话框中，选择"2D 动态"选项卡，单击"播放"按钮后，外轮廓精加工实体仿真效果如图 4-82 所示。

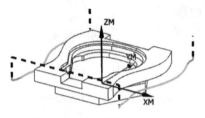

图 4-80　外轮廓精加工刀轨

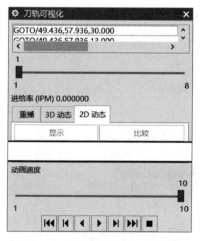

图 4-81　"刀轨可视化"对话框

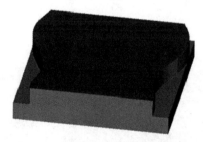

图 4-82　外轮廓精加工实体仿真效果

2）俯视图型腔铣削。单击"插入"工具栏中的"创建工序"按钮，在弹出的如图 4-83a 所示对话框中，选择"类型"为"mill_planar"，工序子类型为"平面铣"，按图中所示选取程序、刀具、几何体和方法，工序名称为默认设置。单击"确定"按钮后，系统弹出如图 4-83b 所示的"平面铣"对话框。

单击"指定部件边界"按钮，在弹出的"边界几何体"对话框中，直接拾取如图 4-84a 所示的五个面为部件边界，设置"材料侧"为"内侧"。

单击"指定毛坯边界"按钮，在弹出的"边界几何体"对话框中，选择"模式"为"曲线/边"，在弹出的如图 4-84b 所示对话框中，选择"类型"为"封闭"，"材料侧"为"内侧"，拾取如图 4-84c 所示部件上表面的边界线为毛坯边界。

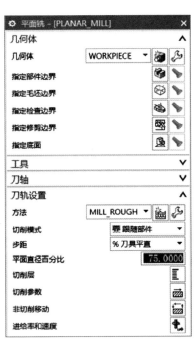

a)   b)

图 4-83　创建平面铣工序

单击"指定底面"按钮，在弹出的"平面"对话框中，拾取图 4-84a 中的面 3 为底面。

a)   b)   c)

图 4-84　设置部件边界、毛坯边界和底面

在"刀轨设置"中设置刀路步距为直径的 75%。单击"切削层"按钮，在弹出的如图 4-85 所示对话框中，设置每刀切削深度恒定为 2mm。

在"切削参数"对话框的"余量"选项卡中，设置部件余量为 0.5mm，最终底面余量为 0.3mm；在如图 4-86 所示的"连接"选项卡中，设置"开放刀路"为"变换切削方向"。单击"进给率和速度"按钮，在弹出的"进给率和速度"对话框中，设置主轴转速为 1000r/min，进给率为 150mm/min。

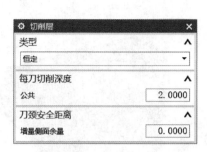

图 4-85　设置切削层

图 4-86　设置"连接"选项卡

单击"生成刀轨"按钮，生成如图 4-87 所示的型腔粗加工刀轨。在工序导航器几何视图中，选中"PLANAR_MILL"工序，复制粘贴后，如图 4-88 所示。

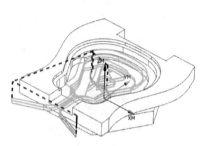

图 4-87　型腔粗加工刀轨

图 4-88　复制粘贴刀轨

双击"PLANAR_MILL_COPY"，在弹出的如图 4-89a 所示对话框中，单击"刀具"右侧下三角按钮，选择 D12 键槽铣刀。

单击"切削层"按钮，在弹出的如图 4-89b 所示对话框中，设置"类型"为"临界深度"；在"切削参数"对话框的"余量"选项卡中，设置部件余量和最终底面余量均为 0mm（参考图 4-76）；单击"进给率和速度"按钮，在弹出的"进给率和速度"对话框中，设置主轴转速为 1500r/min，进给率为 100mm/min（参考图 4-77）。

a)

b)

图 4-89　精加工参数设置

单击"生成刀轨"按钮，生成如图 4-90 所示的型腔精加工刀轨。单击"确认刀轨"按钮，在弹出的"刀轨可视化"对话框中，选择"2D 动态"选项卡，单击"播放"按钮后，型腔精加工实体仿真效果如图 4-91 所示。

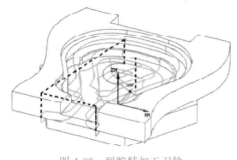

图 4-90　型腔精加工刀轨

图 4-91　型腔精加工实体仿真效果

（2）后视图工序　单击"插入"工具栏中的"创建工序"按钮，在弹出的如图 4-92a 所示对话框中，选择"类型"为"mill_planar"，工序子类型为"底壁加工"，按图中所示选取程序、刀具、几何体（MCS_ 后视图）和方法，工序名称为默认设置。单击"确定"按钮后，系统弹出如图 4-92b 所示的"底壁加工"对话框。

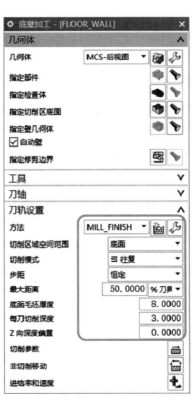

a)　　　　　　　　　　　　　b)

图 4-92　创建底壁加工工序

单击"指定切削区底面"按钮 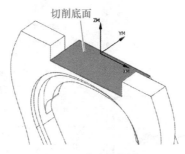，拾取如图 4-93 所示的表面为切削底面，选中图 4-92b 中的"自动壁"复选按钮。

图 4-93 指定切削底面

按如图 4-92b 所示进行刀轨设置，其中方法为精加工，"切削模式"为"往复"，底面毛坯厚度为模型的深度 8mm，每刀切削深度为 3mm。

单击"进给率和速度"按钮，在弹出的"进给率和速度"对话框中，设置主轴转速为 1000r/min，进给率为 150mm/min。

单击"生成刀轨"按钮，生成如图 4-94 所示的底壁加工刀轨。单击"确认刀轨"按钮，在弹出的"刀轨可视化"对话框中，选择"2D 动态"选项卡，单击"播放"按钮后，底壁加工实体仿真效果如图 4-95 所示。

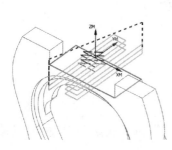

图 4-94 底壁加工刀轨

图 4-95 底壁加工实体仿真效果

（3）仰视图工序　单击"插入"工具栏中的"创建工序"按钮，在弹出的如图 4-96a 所示对话框中，选择"类型"为"mill_planar"，工序子类型为"精加工壁" ，按图中所示选取程序、刀具、几何体（MCS_仰视图）和方法，工序名称为默认设置。单击"确定"按钮后，系统弹出如图 4-96b 所示的"精加工壁"对话框。

 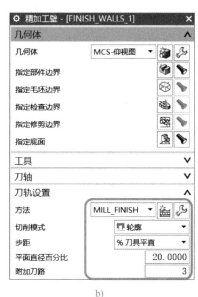

a)　　　　　　　　　　　　　　b)

图 4-96　创建精加工壁工序

单击"指定部件边界"按钮，在弹出的"边界几何体"对话框中，直接拾取如图 4-97 所示的表面为部件边界，设置"材料侧"为"内侧"。单击"指定底面"按钮，在弹出的"平面"对话框中，拾取如图 4-97 所示的底面。

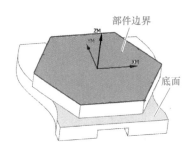

图 4-97　指定部件边界和底面

按如图 4-96b 所示进行刀轨设置，其中"切削模式"为"轮廓"，步距为刀具直径的 20%，"附加刀路"为"3"。

在"切削参数"对话框的"余量"选项卡中，设置底面余量为 0mm。精加工壁默认留一定的底面余量，此处将其清零。

单击"进给率和速度"按钮，在弹出的"进给率和速度"对话框中，设置主轴转速为 1000r/min，进给率为 150mm/min。

单击"生成刀轨"按钮，生成如图 4-98 所示的精加工壁刀轨。单击"确认刀轨"按钮，在弹出的"刀轨可视化"对话框中，选择"2D 动态"选项卡，单击"播放"按钮后，精加工壁实体仿真效果如图 4-99 所示。

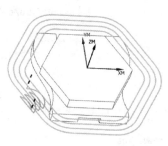
图 4-98　精加工壁刀轨

图 4-99　精加工壁实体仿真效果

6. 后处理

完成所有工序后，工序导航器的程序顺序视图如图 4-100 所示。选中"俯视图 NC"并右击，在弹出的浮动菜单中单击"后处理"命令。

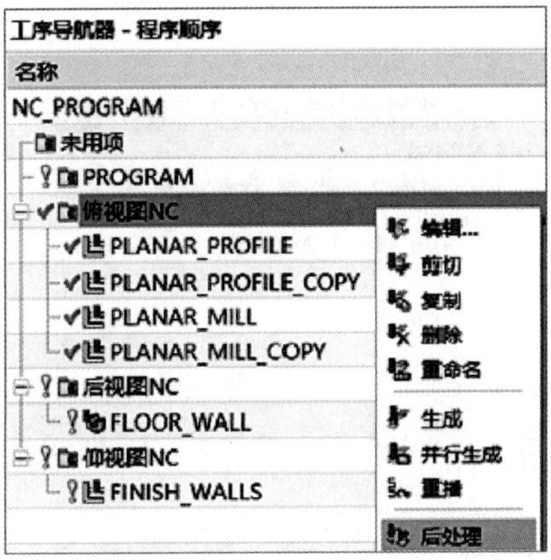

图 4-100　平面铣完整程序列表

在弹出的如图 4-101a 所示对话框中，选择机床对应的后处理器，输入相应的文件名，设置"单位"为"公制/部件"，单击"确定"按钮后，生成如图 4-101b 所示的数控程序。用相同的方法，可以生成后视图和仰视图的数控程序。

7. 车间文档

选中相应的几何体或程序组后，单击"车间文档"按钮，系统弹出如图 4-102 所示的对话框。报告格式中第一、二两行为工序操作列表，第三、四行为刀具列表。

图 4-103 所示为工序操作列表。该列表中列出了每个工序的程序、刀具和刀轨等信息。单击"Path Image"中的任一图片，可以放大显示该步的刀轨。

145

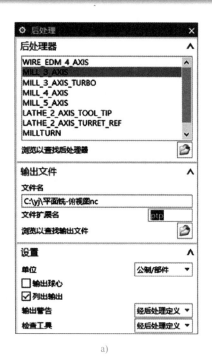

a)

b)

图 4-101 生成数控程序

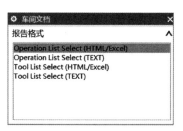

图 4-102 "车间文档"对话框

Index	Operation Name	Type	Program	Machine Mode	Tool Name	Tool Path Time in Minutes	Path Image
1	FLOOR_WALL	Volume Based 2.5D Milling	后视图NC	MILL	D26	3.33	
2	FINISH_WALLS	Planar Milling	仰视图NC	MILL	D26	6.75	
3	PLANAR_PROFILE	Planar Milling	俯视图NC	MILL	D26	4.93	
4	PLANAR_PROFILE_COPY	Planar Milling	俯视图NC	MILL	D26	1.62	

Author: dell   Checker: dell   Date: Thu Sep 29 16:09:42 2022

图 4-103 工序操作列表

图 4-104 所示为刀具列表。该列表中列出了每一把刀具的几何尺寸、在该工序或几何体中的加工时长以及参与的工序名称等信息。

Tool Number	Tool Name	Tool Description	Tool Diameter	Adjust Register	Cutcom Register	Flute Length	Tool Ext. Length	Holder Description	Tool Path Time in Minutes	Operation Name
1	D26	铣刀-5 参数	26.0000	1	1	20.0000	40.0000		16.63	FLOOR_WALL FINISH_WALLS PLANAR_PROFILE PLANAR_PROFILE_COPY
2	D16	铣刀-5 参数	16.0000	2	2	20.0000	40.0000		10.14	PLANAR_MILL
3	D12	铣刀-5 参数	12.0000	3	3	15.0000	30.0000		11.71	PLANAR_MILL_COPY

Author：dell　　　　　Checker：　dell　　　　　　　　　　　　　Date：Thu Sep 29 16:13:08 2022

图 4-104　刀具列表

项目 5　型腔铣与固定轮廓铣加工

5.1　型腔铣削

5.1.1　加工子类型

　　打开一个部件文件，单击主菜单栏"应用模块"中的"加工"图标 ，在弹出的"加工环境"对话框中选择"CAM 会话配置"为"cam_general"，"要创建的 CAM 组装"为"mill_contour"，确定后进入型腔铣削加工界面。

　　单击"创建工序"按钮 ，系统弹出如图 5-1 所示的"创建工序"对话框，其中矩形框内的为型腔铣加工子类型。型腔铣加工子类型图标、名称及说明见表 5-1。

图 5-1　型腔铣加工子类型

表 5-1　型腔铣加工子类型图标、名称及说明

图标	名称	说明
	型腔铣	在垂直于刀轴方向的同一高度内完成一层切削，再下降到下一个高度进行切削
	插铣	刀具做轴向进给插入式铣削，当加工区域较深时，插铣比型腔铣拥有更高的效率
	拐角粗加工	一般用于清除大直径刀具粗加工后残留下来的拐角、凹角处的余量
	剩余铣	多用于二次开粗。二次开粗也可以使用"切削参数"对话框"空间范围"选项卡中的"处理中工件"选项
	深度轮廓铣	对选定切削层的壁进行分层轮廓加工切削。一般用于半精加工或精加工
	等高清角	用于清除前道工序无法切削到的拐角，此方式用轮廓切削模式清除角落处余量

5.1.2　加工几何体

在如图 5-1 所示的对话框中，选择"工序子类型"为"型腔铣" ，完成程序、刀具、几何体、加工方法等父级组的创建，系统弹出如图 5-2 所示的"型腔铣"对话框，对话框最上端为加工几何体选项。型腔铣的加工几何体包含部件几何体、毛坯几何体、检查几何体、切削区域和修剪边界五类。其中检查几何体和指定修剪边界与平面铣中相似，此处不再介绍。

（1）部件几何体　型腔铣的部件几何体可设置为半成品零件或成品零件的几何形状，有时还引入一些辅助片体或实体特征。部件几何体是系统计算刀轨最为重要的依据。

（2）毛坯几何体　型腔铣的毛坯几何体为被加工工件的毛坯几何形状。系统根据毛坯几何体与部件几何体的差异，来确定加工余量、生成刀轨。

毛坯几何体可通过"毛坯几何体"对话框来设定，对于不规则毛坯形状，也可通过装配功能调入已有的模型作为毛坯。

（3）切削区域　型腔铣可通过选取面、片体或曲面区域定义切削区域。

5.1.3　刀轨设置

型腔铣刀轨设置如图 5-3 所示，其中刀轨参数的设置与平面铣相同，下面仅对不同的参数进行说明。

图 5-2　"型腔铣"对话框几何体选项

图 5-3　型腔铣刀轨设置

（1）切削层　单击"切削层"按钮![icon]，系统弹出如图 5-4 所示的"切削层"对话框。

型腔铣以平面或层的方式切削几何体，为了使型腔铣削后的余量均匀，可以定义多个切削区间，每个切削区间的切削深度可以不同。如图 5-5 所示，对于陡峭的曲面（范围 1），每层切削深度可以略大一些；对于平坦的曲面（范围 2），每层切削深度应该略小一点。

切削层最高值默认为部件几何体、毛坯几何体或切削区域的最高点。若在定义切削区域时没有定义毛坯几何体，则默认上限是切削区域的最高点。

定义切削区域后，最低范围的默认下限为切削区域底部。若没有定义切削区域，则最低范围下限将是部件几何体或毛坯几何体的底部最低点。

图 5-4　"切削层"对话框

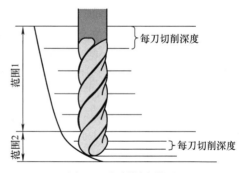

图 5-5　切削深度设置

1）范围类型。范围类型有"自动""用户定义""单个（侧）"三个选项。切削层范围在绘图区以图 5-6 所示的符号显示，其中大的三角表示切削层范围，小的三角表示每刀切削深度。

选择"自动"选项，系统依据部件所有临界深度，自动生成一系列切削范围，只要没有添加或修改局部范围，切削层就始终保持与部件的关联性，系统给这一系列切削范围一个统一的切削深度。

选择"用户定义"选项，用户可以对如图 5-7 所示列表中的范围进行增加、删除等操作，也可以为列表中的各个范围设置各不相同但合理的每刀切削深度。

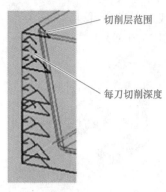

图 5-6　切削层范围与每刀切削深度

范围	范围深度	每刀切削深...
1	2.010000	2.000000
2	6.030000	3.000000
3	13.065000	3.000000
4	18.090000	4.000000
5	20.100000	1.000000
6	40.100000	5.000000

添加新集

列表

图 5-7　切削层范围列表

选择"单个（侧）"选项，系统根据部件几何体和毛坯几何体设置一个切削范围，用户只能修改顶层和底层。

2）切削层。切削层包括"恒定"和"仅在范围底部"两个选项。

选择"恒定"选项，可在下方的"公共每刀切削深度"下拉列表中选择"恒定"或"残余高度"来确定切削深度。

选择"仅在范围底部"选项，系统不细分切削范围，仅在每一层范围的底部进行切削。

（2）切削参数　单击"切削参数"按钮![zzz]，系统弹出如图 5-8 所示的对话框，型腔铣"切削参数"对话框中的选项卡与平面铣大致相似，此处仅对不同参数进行说明。

图 5-8　"切削参数"对话框

1）"策略"选项卡。与平面铣相比，图 5-8 中的"策略"选项卡多了"延伸路径"选项。"在边上延伸"可用来加工部件周围多余的材料，还可以使用它在刀轨的起点和终点添加切削移动，以确保刀具平滑地进入和退出部件。拾取工件顶面，设置"在边上延伸"，实际要加工的曲面变化如图 5-9 所示。

使用"在边上延伸"可以替代在部件周围生成带状曲面的操作。系统将根据所选的切削区域来确定边缘的位置，如果选择的实体无切削区域，则没有可延伸的边缘。拾取工件上表面作为切削区域后，生成的在边上延伸的刀轨如图 5-10 所示。

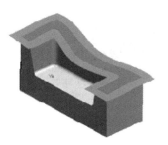

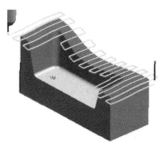

图 5-9　部件顶部延伸曲面　　　　　　　　图 5-10　延伸曲面时生成的刀轨

2）"空间范围"选项卡。单击"切削参数"对话框中的"空间范围"选项卡，系统弹出如图 5-11 所示的对话框。型腔铣的"空间范围"选项卡与平面铣的不尽相同。

图 5-11　"空间范围"选项卡

① 修剪方式。用于系统在没有明确定义毛坯几何体的情况下识别出型芯部件的毛坯几何体。

无：如果加工的零件是型芯，并且没有指定毛坯几何体，选择"无"选项不能正确生成刀路。

轮廓线：容错加工打开，在每一切削层上，使刀具沿零件几何体的外形轮廓向外偏置一个刀具半径值创建一条轨迹，由这个轨迹来定义毛坯几何体。使用此选项可以不定义毛坯几何体。

② 处理中工件。

无：直接使用几何父级组中指定的毛坯几何体来生成刀轨。

使用 3D：使用前道工序加工后的剩余材料作为当前操作的毛坯几何体。必须在父级组中指定毛坯几何体。此选项也可使用参考刀具功能代替。

使用基于层的：使用先前操作中的 2D 切削区域来确定剩余材料。此选项可以高效地切削先前操作中留下的拐角和阶梯面。

③ 碰撞检查。此选项用于检查刀具和夹持器是否与工件、检查几何体等发生碰撞，检查刀具是否与过程中的毛坯几何体发生碰撞，同时可以设置移除过小区域的毛坯几何体。

④ 小封闭区域。指定如何处理较小的腔体或孔之类的小特征。

切削：不论腔体和孔的大小，一律进行加工。

忽略：选择此选项，需指定一个最大的忽略腔体或孔的面积，小于此面积的腔体或孔不再进行加工。

⑤ 参考刀具。参考刀具一般通过上一道工序的刀具直径，来确定过程毛坯几何体还剩下多少加工余量。当前工序的刀具直径一般小于上一道工序的刀具直径，用当前刀具切除上一道工序无法切入的区域余量，生成相应刀轨。

5.1.4　加工子类型实例

（1）型腔铣　型腔铣主要用于粗加工，可以切除大部分毛坯材料，几乎适用于加工任意形状的几何体，还可用于直壁或斜度不大的侧壁的半精加工。

例 5-1：运用型腔铣操作完成如图 5-12a 所示零件的粗加工，工件毛坯如图 5-12b 所示。

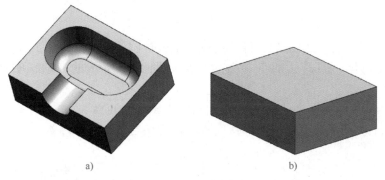

a)　　　　　　　　　　　　　　b)

图 5-12　型腔铣实例

具体的工序操作参见加工源文件（通过机工教育网下载）sample/answer/05/ 型腔铣.prt。设置相应的几何体、刀具、加工参数后生成如图 5-13 所示的刀轨，实体仿真效果如图 5-14 所示。

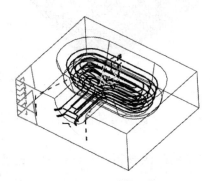

图 5-13　型腔铣刀轨

图 5-14　型腔铣实体仿真效果

（2）插铣　插铣加工是一种特殊的铣削加工方法，该加工方法的原理是：刀具连续地上、下运动，快速大量地去除材料。在加工具有较深的立壁腔体零件时，常需要去除大量的材料，此时插铣比型腔铣更加有效。插铣时径向力较小，这样可以使用更为细长的刀具，而且能保持较高的切削速度，它是当前金属切削较为流行的加工方法之一。当加工难加工的曲面、切槽以及刀具悬伸长度较大时，插铣法的加工效率远远高于常规的分层切削法。

例 5-2：运用插铣操作完成如图 5-15a 所示零件的粗加工，工件毛坯如图 5-15b 所示，毛坯上已钻出预钻孔。

a)　　　　　　　　　　　　　　　　b)

图 5-15　插铣实例

具体的工序操作参见加工源文件（通过机工教育网下载）sample/answer/05/ 插铣.prt。设置相应的几何体、刀具、加工参数后生成如图 5-16 所示的刀轨，实体仿真效果如图 5-17 所示。

注：此处毛坯几何体是一个半成品（长方体加一个预钻孔），而不是简单的长方体。可借助装配功能把半成品毛坯调入部件，然后再完成毛坯几何体的创建。

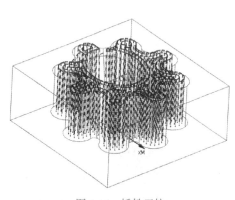

图 5-16　插铣刀轨

图 5-17　插铣实体仿真效果

（3）剩余铣　剩余铣一般用于二次开粗或半精加工。一般选用直径相对较小的刀具对之前粗加工后未去除的残料进行切削。

例 5-3：运用剩余铣操作完成如图 5-18a 所示零件的二次开粗，工件经型腔铣已加工至如图 5-18b 所示。

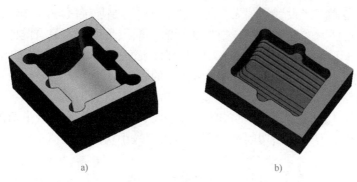

图 5-18　剩余铣实例

　　具体的工序操作参见加工源文件（通过机工教育网下载）sample/answer/05/ 剩余铣.prt。设置相应的几何体、刀具、加工参数后生成如图 5-19 所示的刀轨，实体仿真效果如图 5-20 所示。

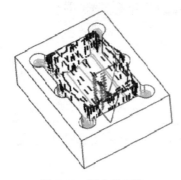

图 5-19　剩余铣刀轨

图 5-20　剩余铣实体仿真效果

（4）深度轮廓铣

　　1）刀轨设置。深度轮廓铣是一种固定的轴铣削操作，通过多个切削层来加工零件表面轮廓。为限制切削区域，除了可以指定部件几何体外，还可以把切削区域几何体指定为部件几何体的子集。在没有指定切削区域时，系统对整个零件轮廓进行切削。

　　在生成刀轨过程中，系统将跟踪几何体，需要时检测部件几何体的陡峭区域，对跟踪形状进行排序，识别要加工的切削区域，以及在所有切削层都不过切的情况下对这些区域进行切削。

　　"深度轮廓铣"对话框刀轨设置选项如图 5-21 所示，大部分参数与型腔铣相似，此处仅对不同参数进行说明。

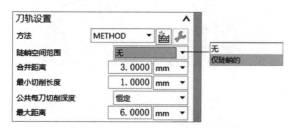

图 5-21　"深度轮廓铣"对话框刀轨设置选项

① 陡峭空间范围。当设置为"无"时，整个部件均是加工区域。当设置为"仅陡峭的"时，系统弹出"角度"文本框，用户根据实际需要输入角度值，只有陡峭角度大于指定陡角的区域才会被加工。陡峭角度定义为刀轴与部件表面法向间的夹角，如图 5-22 所示。

② 合并距离。用于消除刀轨之间较小间隙的跳刀问题。指定合并距离值之后，刀轨间小于此值的间隙均直接用小短线段连接，此功能使刀轨更加连续。

③ 最小切削长度。定义生成刀轨时的最小段长度值。合适的最小切削长度可以消除部件岛区域内较小的刀路，当切削运动距离比指定最小切削长度值小时，系统不会在该处产生刀轨。

2）切削参数。切削参数选项中大多数参数与型腔铣相似，此处仅介绍如图 5-23 所示的"连接"选项卡。

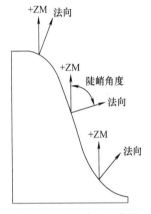

图 5-22　陡峭角度示意图

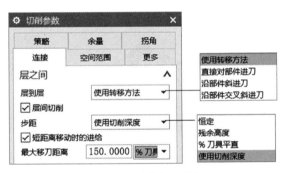

图 5-23　"连接"选项卡

① 层到层。"层到层"有"使用转移方法"（图 5-24a）、"直接对部件进刀"（图 5-24b）、"沿部件斜进刀"（图 5-24c）和"沿部件交叉斜进刀"（图 5-24d）四个层间过渡选项。

其中："使用转移方法"抬刀最多，效率最低；"直接对部件进刀"没有抬刀与过渡，效率最高，但有一条明显的接刀痕迹；"沿部件斜进刀"和"沿部件交叉斜进刀"加工后工件表面质量较高。

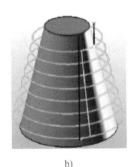
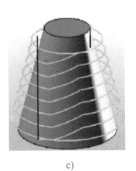
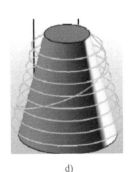

a)　　　　　　　　　b)　　　　　　　　　c)　　　　　　　　　d)

图 5-24　"层到层"示意图

② 步距。"步距"有"恒定"（图 5-25a）、"残余高度"（图 5-25b）、"% 刀具平直"

（图 5-25c）和"使用切削深度"（图 5-25d）四个选项。精加工时一般选用"残余高度"进行设置。

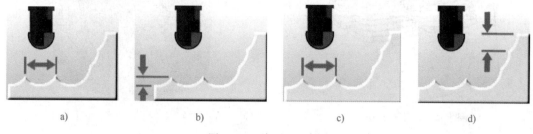

图 5-25　"步距"示意图

③ 短距离移动时的进给。设定层间切削的步距和最大移刀距离，可以实现在深度轮廓加工时，对非陡峭面进行均匀加工。短距离移动时的进给如图 5-26 所示。

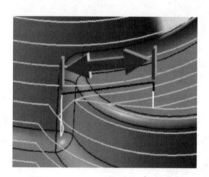

图 5-26　短距离移动时的进给

例 5-4：运用深度轮廓铣操作完成如图 5-27a 所示零件的精加工，工件经前道工序已加工至如图 5-27b 所示。

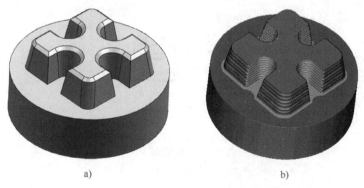

图 5-27　深度轮廓铣实例

具体的工序操作参见加工源文件（通过机工教育网下载）sample/answer/05/ 深度轮廓铣.prt。设置相应的几何体、刀具、加工参数后生成如图 5-28 所示的刀轨，实体仿真效果如图 5-29 所示。

图 5-28 深度轮廓铣刀轨

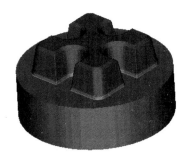

图 5-29 深度轮廓铣实体仿真效果

5.2 固定轮廓铣

5.2.1 加工子类型

打开一个部件文件，单击主菜单栏"应用模块"中的"加工"图标 ，在弹出的"加工环境"对话框中选择"CAM 会话配置"为"cam_general"，"要创建的 CAM 组装"为"mill_contour"，单击"确定"按钮后进入固定轮廓铣加工界面。

单击"创建工序"按钮 ，系统弹出如图 5-30 所示的"创建工序"对话框，其中矩形框内的为固定轮廓铣加工子类型。固定轮廓铣加工子类型图标、名称及说明见表 5-2。

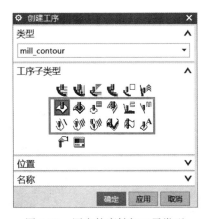

图 5-30 固定轮廓铣加工子类型

表 5-2 固定轮廓铣加工子类型图标、名称及说明

图标	名称	说明
	固定轮廓铣	用于以各种驱动方式和切削模式铣削部件或选定区域
	区域轮廓铣	与固定轮廓铣相似，默认为区域铣削驱动方式

（续）

图标	名称	说明
	曲面区域轮廓铣	与固定轮廓铣相似，默认为曲面驱动方式
	流线加工	指定流曲线与交叉曲线，可更灵活地控制刀轨
	非陡峭区域轮廓铣	与区域轮廓铣相似，仅加工非陡峭区域
	陡峭区域轮廓铣	与区域轮廓铣相似，仅加工陡峭区域
	单路径清根铣	驱动方式为清根的轮廓铣，只创建单条清根刀路
	多路径清根铣	驱动方式为清根的轮廓铣，可创建多条清根刀路
	参考刀具偏置清根铣	指定前一道工序的参考刀具直径，系统计算用此刀具加工后的毛坯残留情况，创建多条清根刀路
	实体轮廓 3D 铣	常用于三维轮廓铣削
	轮廓 3D 铣	用于三维倒角与修边
	曲面文本铣	用于在曲面上雕刻文字

5.2.2 加工几何体

在如图 5-30 所示的对话框中，选择工序子类型为"固定轮廓铣" ，完成程序、刀具、几何体、加工方法等父级组的创建，系统弹出如图 5-31 所示的"固定轮廓铣"对话框，对话框最上端为加工几何体选项。

图 5-31 "固定轮廓铣"对话框几何体选项

（1）部件几何体 要加工的轮廓表面，通常直接选择零件被加工后的实际表面。部件几何体可以是实体或片体、实体表面或表面区域。直接选择实体或实体表面作为部件几何体，可以保持加工刀轨与这些表面之间的相关性。

（2）检查几何体 用于指定在切削过程中刀具不能涉及的区域和几何体对象，如零件壁、岛、夹具等，系统将使刀具自动避开检查几何体，进入下一个安全切削位置。

（3）切削区域 每个切削区域都是部件几何体的一个子集，若不指定切削区域，则把整个部件作为切削区域。

5.2.3 驱动方法

驱动方法可用于定义创建刀轨时的驱动点，有些驱动方法沿指定曲线定义一串驱动点，有些驱动方法则在指定的边界内或指定的曲面上定义驱动点阵列。若未指定部件几何体，则直接由驱动点创建刀轨；若指定了部件几何体，则将驱动点沿投影方向投影到部件几何体上创建刀轨。

如图 5-32 所示，固定轮廓铣操作中包含曲线 / 点、螺旋、边界、区域铣削、曲面、流线、刀轨、径向切削、清根、文本等驱动方法。

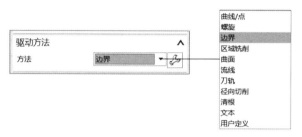

图 5-32　驱动方法选项

（1）曲线 / 点驱动　当选择点作为驱动时，所选点间用直线段创建驱动路径；当选择曲线作为驱动时，则沿着所选曲线产生驱动点。

如图 5-33 所示，当依次选择点 1、2、3、4 作为驱动时，系统在曲面上投影生成 A → B → C → D 刀轨。

如图 5-34 所示，当选择图中所示线串作为驱动时，系统在曲面上投影生成与之方向相同、形状相似的刀轨。

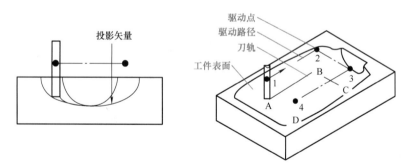

图 5-33　点驱动图示

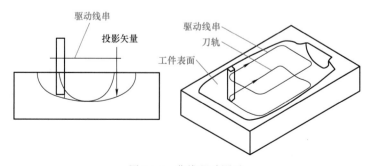

图 5-34　曲线驱动图示

选择点或曲线作为驱动后，会在图形窗口显示一个矢量方向，表示默认的切削方向。对于开口曲线，靠近选择曲线的端点是刀轨起始处；对于封闭曲线，开始点和切削方向由线段的次序决定。曲线 / 点驱动方法常用于在曲面上加工沟槽。

在驱动方法中选择"曲线 / 点"后，单击"编辑"按钮 🔧，进入相应对话框，可以选择一条或多条驱动的"曲线 / 点"。设置切削步长，其中切削步长有公差和数量两种设置方法。公差越小或数量越多，刀轨精度越高。

例 5-5：运用"曲线 / 点"驱动方法在如图 5-35 所示的曲面上铣槽。

具体的工序操作参见加工源文件（通过机工教育网下载）sample/answer/05/ 曲线 / 点驱动.prt。设置相应的几何体、刀具（R3 球头刀）、加工参数后，进入"固定轮廓铣"对话框。选取图 5-35 中部件的上表面为切削区域，在如图 5-36 所示的界面中设置部件余量为 –3mm，设置驱动方法为"曲线 / 点"，单击"编辑"按钮 🔧，系统弹出如图 5-37 所示的对话框。拾取图 5-35 中的驱动曲线，设置步长公差为"0.0020"，生成的刀轨如图 5-38 所示，实体仿真效果如图 5-39 所示。

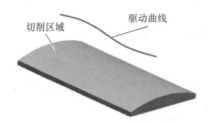

图 5-35　曲线 / 点驱动示例

图 5-36　"余量"选项卡

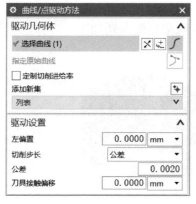

图 5-37　"曲线 / 点驱动方法"对话框

图 5-38　曲线 / 点驱动刀轨

（2）螺旋驱动　如图 5-40 所示，螺旋驱动是以螺旋线形状从中心向外生成驱动点，然后沿着刀轴方向投影到部件几何体上，形成刀轨。一般用于加工旋转形或近似于旋转形的表面区域。

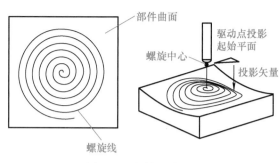

图 5-39　曲线 / 点驱动实体仿真效果　　　　　　图 5-40　螺旋驱动图示

螺旋驱动方法创建的刀轨，在从一道切削路径向下一道切削路径过渡时，没有横向进刀，也不存在切削方向上的突变，而是光滑地、持续地向外螺旋展开过渡。因为这种驱动方法能保持恒定切削速度的光顺运动，所以特别适合高速加工。

1）"螺旋驱动方法"对话框。在驱动方法中选择"螺旋"后，单击"编辑"按钮，系统弹出如图 5-41 所示的"螺旋驱动方法"对话框。其中，"指定点"用于指定螺旋中心点位置；"最大螺旋半径"用于确定螺旋线最外沿半径。

图 5-41　"螺旋驱动方法"对话框

2）螺旋驱动示例。

例 5-6：运用"螺旋"驱动方法完成如图 5-42a 所示曲面的精加工，零件已粗加工至如图 5-42b 所示。

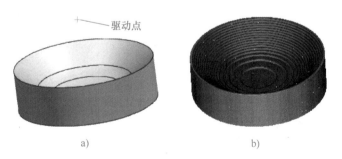

a)　　　　　　　　　　　　　　　b)

图 5-42　螺旋驱动示例

具体的工序操作参见加工源文件（通过机工教育网下载）sample/answer/05/ 螺旋驱动.prt。设置相应的几何体、刀具（R10 球头刀）、加工参数后，进入"固定轮廓铣"对话框（参见图 5-31）。设置指定点为（0，0，150），最大螺旋半径为 200mm。设置完成后，生成的刀轨如图 5-43 所示，实体仿真效果如图 5-44 所示。

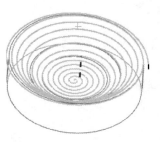

图 5-43　螺旋驱动刀轨

图 5-44　螺旋驱动实体仿真效果

（3）边界驱动　如图 5-45 所示，边界驱动是通过指定的边界和内环来定义切削区域，边界与部件表面的形状和尺寸无关，但环必须符合部件表面的外边缘。边界驱动方法与平面铣削的工作过程非常相似，用边界、内环或两者联合来定义切削区域，将定义的切削区域沿指定的投影矢量方向，把驱动点投影到部件几何体表面上创建刀轨。

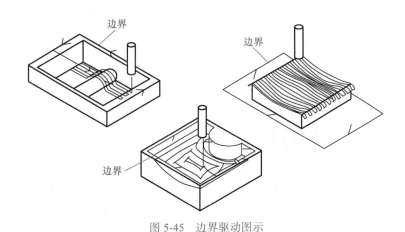

图 5-45　边界驱动图示

1）"边界驱动方法"对话框。在驱动方法中选择"边界"后，单击"编辑"按钮，系统弹出如图 5-46 所示的"边界驱动方法"对话框。

① 驱动几何体。单击"指定驱动几何体"按钮后，系统弹出"边界几何体"对话框，用户可根据需求拾取驱动边界。

② 偏置。用于对边界范围大小进行修正，正的偏置边界缩小，负的偏置边界扩大。

③ 空间范围。通过沿着所选部件的表面和表面区域的外部边缘创建环来定义切削区域。如图 5-47 所示，环类似于边界，因为它们都可以定义切削区域；环又不同于边界，因为环可以在部件表面上直接生成刀轨，而无须投影。环可以是平面的，也可以是非平面的，并且总是封闭的，它们沿着所有的外部表面边缘生成。可以指定使用所有环来定义切削区域，或仅使用最大环来定义切削区域，如图 5-48 所示。

图 5-46 "边界驱动方法"对话框

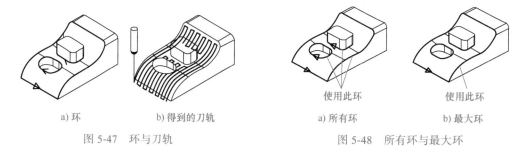

a) 环　　　　　b) 得到的刀轨

图 5-47 环与刀轨

a) 所有环　　　　b) 最大环

图 5-48 所有环与最大环

④ 切削模式。因驱动边界形状各异，系统不仅提供了与平面铣相似的切削模式，还提供了更为丰富的切削模式。各切削模式所形成的刀轨如图 5-49 所示。

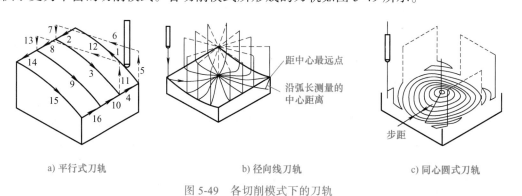

a) 平行式刀轨　　　　　b) 径向线刀轨　　　　　c) 同心圆式刀轨

图 5-49 各切削模式下的刀轨

⑤ 切削角。用于确定"平行线"切削模式的旋转角度，旋转角是相对于 X 轴测量的。其中，自动：使系统确定每个切削区域的切削角；指定：用户输入一个固定的角度值作为所有区域的切削角。图 5-50 所示的指定切削角为 20°。

⑥ 区域连接。用于"跟随部件""跟随周边"和"轮廓"切削模式，在各子区域之间寻找一条没有抬刀，并且不重复的刀路。

⑦ 边界逼近。如图 5-51 所示，当边界或岛中包含二次曲线或 B 样条时，使用边界逼近可以减少处理时间并缩短刀轨。

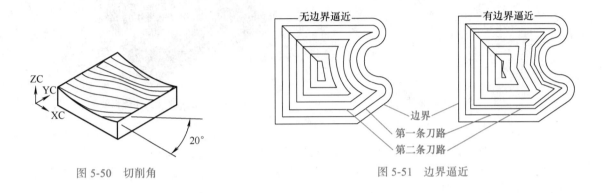

图 5-50　切削角　　　　　　　　　　图 5-51　边界逼近

2）边界驱动示例。

例 5-7：运用"边界"驱动方法完成如图 5-52a 所示曲面的精加工，零件已粗加工至如图 5-52b 所示。

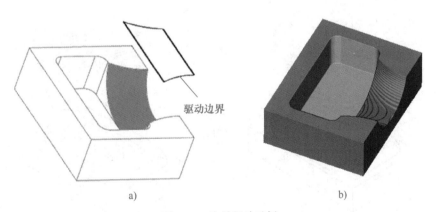

a)　　　　　　　　　　　　b)

图 5-52　边界驱动示例

具体的工序操作参见加工源文件（通过机工教育网下载）sample/answer/05/ 边界驱动 .prt。设置相应的几何体、刀具（R6 球头刀）、加工参数后，选择"边界"驱动方法，设置图 5-52a 所示的驱动边界，为使刀具完全切出，设置边界偏置为 –5mm，生成的刀轨如图 5-53 所示，实体仿真效果如图 5-54 所示。

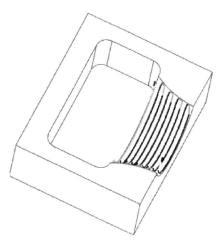

图 5-53　边界驱动刀轨

图 5-54　边界驱动实体仿真效果

（4）区域铣削驱动　区域铣削驱动通过指定一个或多个切削区域来定义一个固定轴操作，切削区域可通过选择"曲面区域""片体"或"面"进行定义，切削区域几何体不需要按一定的栅格行序或列序进行选择。

区域铣削驱动类似于边界驱动，但不需要指定驱动几何体，区域铣削驱动操作中可使用修剪几何体。区域铣削驱动的刀轨如图 5-55 所示。

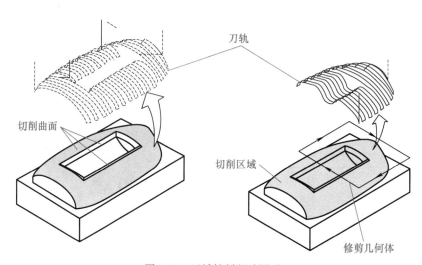

图 5-55　区域铣削驱动图示

1）"区域铣削驱动方法"对话框。在驱动方法中选择"区域铣削"后，单击"编辑"按钮 ，系统弹出如图 5-56 所示的"区域铣削驱动方法"对话框。"区域铣削驱动方法"对话框与"边界驱动方法"对话框相似，此处仅对差异较大处进行说明。

① 陡峭空间范围。用于指定是否对陡峭区域进行加工。其中，无：关闭陡峭空间范围选项，刀具对所有区域都进行加工；非陡峭：通过定义一个陡峭角度的值来约束刀轨的切削区域，只有陡峭角度小于或等于指定角度的区域才被加工，陡峭角度由曲面法向与 Z 轴的夹角来测量；定向陡峭：只加工陡峭角度大于指定角度的区域。

② 重叠区域。用于设置两区域之间的刀轨重合。其中，无：刀轨不重叠；距离：出现一个重叠距离文本框，可输入重叠距离数值。

③ 步距已应用。在平面上：适合非陡峭区域的步距设置，如图 5-57a 所示，测量垂直于刀轴的平面上的步距；在部件上：适合陡峭区域的步距设置，如图 5-57b 所示，测量沿部件的步距。

图 5-56　"区域铣削驱动方法"对话框

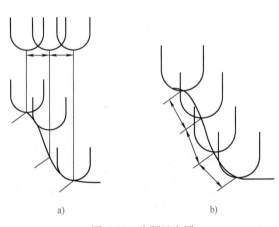

图 5-57　步距已应用

2）区域铣削驱动示例。

例 5-8：运用"区域铣削"驱动方法完成如图 5-58a 所示曲面的精加工，零件已粗加工至如图 5-58b 所示。

具体的工序操作参见加工源文件（通过机工教育网下载）sample/answer/05/区域铣削驱动.prt。设置相应的几何体、刀具、加工参数后，在"固定轮廓铣"对话框中拾取如图 5-58a 所示阴影部分曲面作为切削区域。选择驱动方法为"区域铣削"，在"区域铣削驱动方法"对话框中完成参数设置。区域铣削驱动生成的刀轨如图 5-59 所示，实体仿真效果如图 5-60 所示。

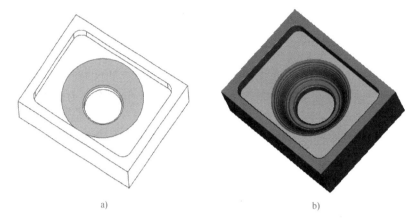

a)   b)

图 5-58　区域铣削驱动示例

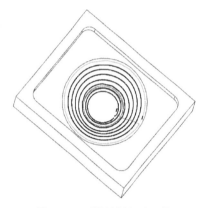

图 5-59　区域铣削驱动刀轨

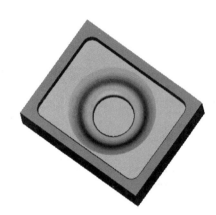

图 5-60　区域铣削驱动实体仿真效果

（5）曲面驱动　曲面驱动是在驱动曲面上创建网格状的驱动点阵列（U-V 方向），产生的驱动点沿指定的投影矢量投影到部件几何体表面上创建刀路。如果没有定义部件几何体表面，则直接在驱动曲面上创建刀路。因为该驱动方法可灵活控制刀轴与投影矢量，主要用于变轴铣，可加工形状复杂的表面，如图 5-61 所示。

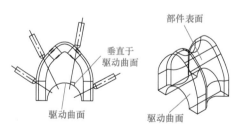

图 5-61　曲面驱动图示

　　曲面驱动中的驱动曲面可以是平面或曲面，为了使驱动曲面上生成的驱动点均匀，通常要求驱动曲面必须是比较光顺的表面，且形状不能太复杂，以便驱动曲面上能够整齐安排行和列网格。故驱动曲面要求行和列（U-V 方向）均匀排列，如图 5-62 所示。不接受行和列不均匀排列的驱动曲面或具有超出链公差缝隙的驱动曲面，如图 5-63 所示。

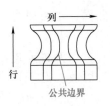

图 5-62　行和列均匀排列的驱动曲面

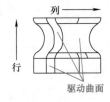
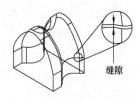

图 5-63　行和列不均匀排列的驱动曲面

曲面驱动提供对刀轴的最大控制。可变刀轴选项变成可用的，允许根据驱动曲面定义刀轴。如图 5-64 所示，加工轮廓比较复杂的部件表面时，若刀轴垂直于部件表面，则刀轴波动较大，不利于提高加工效率，且刀具容易与部件发生碰撞，此时可选用一个辅助的比较光顺的驱动曲面来控制刀轴。

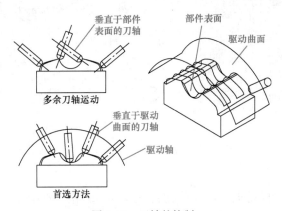

图 5-64　刀轴的控制

1）"曲面区域驱动方法"对话框。在驱动方法中选择"曲面"后，单击"编辑"按钮 ，系统弹出如图 5-65 所示的"曲面区域驱动方法"对话框。

图 5-65　"曲面区域驱动方法"对话框

① 指定驱动几何体。用于选取驱动曲面，可以是部件中已有的曲面，也可以是为加工面做的辅助曲面。

② 切削区域。曲面％：通过指定第一道与最后一道刀路的百分比，以及横向进给起点与终点的百分比，从驱动曲面中定义出切削区域。该百分比可正、可负。对于单个驱动曲面，100％代表整个曲面；对于多个驱动曲面，按曲面个数平分。"曲面百分比方法"对话框如图5-66a所示，对话框中各参数含义如图5-66b所示。

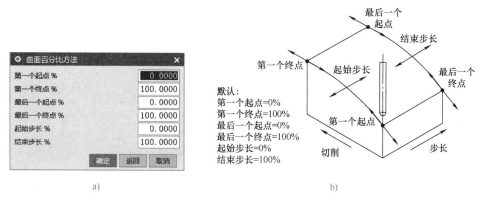

a)   b)

图5-66 "曲面百分比方法"对话框及参数含义

图5-67所示为采用不同曲面百分比的刀轨示意图。图中工件上表面为驱动曲面。图5-67a为默认百分比情况下的刀轨；图5-67b为第一个起点为50％，最后一个起点为50％，其他为默认设置情况下的刀轨；图5-67c为起始步长为50％，其他为默认设置情况下的刀轨；图5-67d为第一个起点为–20％，最后一个起点为–20％，起始步长为–20％，其他为默认设置情况下的刀轨。

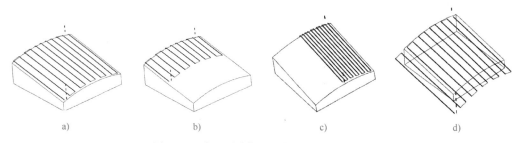

a)   b)   c)   d)

图5-67 采用不同曲面百分比的刀轨示意图

对角点：通过在驱动曲面上指定两个对角点来定义切削区域的范围。若驱动曲面由多个曲面组成，也可在不同曲面定义这两个对角点。

③ 刀具位置。用于定义刀具与部件表面的接触位置。对中：如图5-68a所示，将刀具定位到驱动点上，然后沿投影矢量方向投影到部件表面上，使刀尖与部件表面接触，从而建立接触点；相切：如图5-68b所示，将刀具定位到与驱动曲面相切，然后沿投影矢量方向投影到与部件表面相切，从而建立接触点。

注：如果没有定义部件表面，而是直接在驱动曲面上建立刀轨，则应设置刀具位置为"相切"；若一个表面既被定义为驱动曲面，又被定义为部件表面，也应设置刀具位置为"相切"。

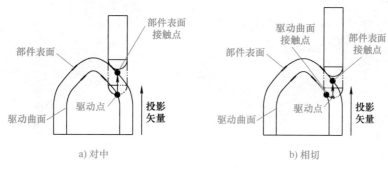

图 5-68　刀具位置

④ 切削方向。用于指定切削方向和第一刀开始区域。单击"切削方向"按钮![button]，系统在驱动曲面上弹出如图 5-69 所示的八个方向，用户可根据需要选取切削方向和刀具开始的位置。

⑤ 材料反向。按钮![button]用于反转材料侧的矢量方向。当刀具直接在驱动曲面上加工时，材料侧矢量用于确定刀具与曲面的哪一侧接触以加工该表面。若在零件表面上加工，则投影矢量就确定了材料的方向，不能再改变，如图 5-70 所示。对固定轮廓铣而言，由于投射方向，因此不能改变材料侧方向。

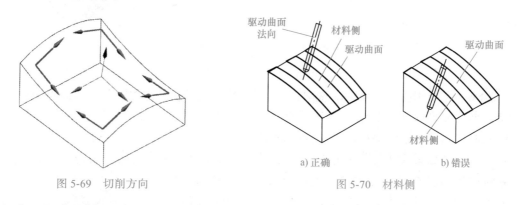

图 5-69　切削方向　　　　　　　图 5-70　材料侧

2）曲面驱动示例。

例 5-9：运用"曲面"驱动方法完成如图 5-71a 所示零件上表面的精加工，零件已粗加工至如图 5-71b 所示。

具体的工序操作参见加工源文件（通过机工教育网下载）sample/answer/05/ 曲面驱动.prt。设置相应的几何体、刀具、加工参数后，在"固定轮廓铣"对话框中选择驱动方法为"曲面"，在"曲面区域驱动方法"对话框中，选择图 5-71a 中的驱动曲面为驱动几何体，并完成切削参数设置。曲面驱动生成的刀轨如图 5-72 所示，实体仿真效果如图 5-73 所示。

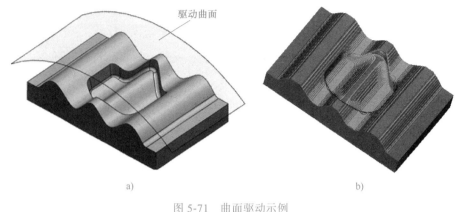

a)
b)

图 5-71　曲面驱动示例

图 5-72　曲面驱动刀轨

图 5-73　曲面驱动实体仿真效果

（6）流线驱动　流线驱动铣削也是一种曲面轮廓铣。创建操作时，需要指定流曲线和交叉曲线来形成网格驱动，刀具沿着曲面和 U-V 方向或是曲面的网格方向进行加工，其中流曲线确定刀轨的形状，交叉曲线确定刀具的行走范围。

1）"流线驱动方法"对话框。在驱动方法中选择"流线"后，单击"编辑"按钮，系统弹出如图 5-74 所示的"流线驱动方法"对话框。其中的切削方向、驱动设置与"曲面区域驱动方法"对话框中对应选项相似，修剪和延伸与"曲面区域驱动方法"对话框中的"曲面 %"相似，此处仅对不同之处加以说明。

① 驱动曲线。自动：根据主操作对话框中指定切削区域的边界创建流动曲线集和交叉曲线集；指定：手动选择流动曲线串和交叉曲线串或编辑创建的流 / 交叉曲线串。

② 流 / 交叉曲线。选择曲线：通过选择现有曲线、边或点来指定流 / 交叉曲线； ：允许使用点作为独立的流 / 交叉线串； ：从图形窗口中选择曲线、边作为流 / 交叉线串； ：单击它可使选中的流 / 交叉曲线集反向；指定原始曲线：当选择多条形成闭环的曲线作为一个曲线串时，单击按钮 ，可以改变单个闭环曲线的方向。

图 5-74　"流线驱动方法"对话框

添加新集：单击"添加"按钮 ，可在列表中创建新的（空）集，并激活选择曲线。新集放在列表中活动曲线集的后面。 ：删除不再需要的流 / 交叉曲线集； 和 ：在列表中更改曲线集的次序。

2）流线驱动示例。

例 5-10：运用"流线"驱动方法完成如图 5-75a 所示曲面阴影的精加工，零件已粗加工至如图 5-75b 所示。

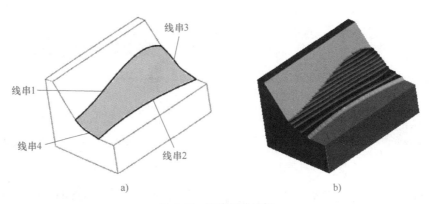

图 5-75　流线驱动示例

具体的工序操作参见加工源文件（通过机工教育网下载）sample/answer/05/ 流线驱动.prt。设置相应的几何体、刀具、加工参数后，在"固定轮廓铣"对话框中选择驱动方法为"流线"。在"流线驱动方法"对话框中，拾取图 5-75a 所示线串 1 作为流动线串 1，拾取线串 2 作为流动线串 2，拾取线串 3 作为交叉线串 1，拾取线串 4 作为交叉线串 2。设置相应的切削参数后，生成的刀轨如图 5-76 所示，实体仿真效果如图 5-77 所示。

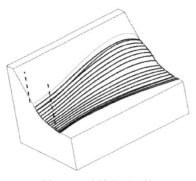

图 5-76　流线驱动刀轨　　　　　　　　图 5-77　流线驱动实体仿真效果

（7）刀轨驱动　刀轨驱动可以沿着刀位置源文件（CLSF）的刀轨定义驱动点，以在当前操作中创建一个类似的曲面轮廓铣刀轨。驱动现有的刀轨，然后投影到所选部件表面上创建新的刀轨，新的刀轨是沿着曲面轮廓形成的。驱动点投影到部件表面上，所遵循的方向由投影矢量确定。

1）"刀轨驱动方法"对话框。在驱动方法中选择"刀轨"后，单击"编辑"按钮，系统弹出如图 5-78 所示的"指定 CLSF"对话框，选取所需的文件后，系统弹出如图 5-79 所示的"刀轨驱动方法"对话框。

图 5-78　"指定 CLSF"对话框　　　　　图 5-79　"刀轨驱动方法"对话框

① CLSF 中的刀轨。刀轨列表框中列出了与所选的 CLSF 相关联的刀轨，可以在此选择希望投影的刀轨。此列表只允许选择一个 CLSF 刀轨。

重播：查看所选的刀轨图形。显示验证是否已经选择了正确的刀轨。

列表：列表显示了一个信息窗口，此窗口中以文本格式显示所选的刀轨，如它将出现在 CLSF 中一样。

②按进给率划分的运动类型。此列表框列出所选刀轨中的各种切削和非切削移动相关的进给率。

全选：选择"按进给率划分的运动类型"列表框列出的所有进给率。

列表：以文本格式显示所选的刀轨，如它将出现在 CLSF 中一样。

2）刀轨驱动示例。

例 5-11：运用"刀轨"驱动方法完成如图 5-80a 所示曲面倒角的精加工，零件已粗加工至如图 5-80b 所示。

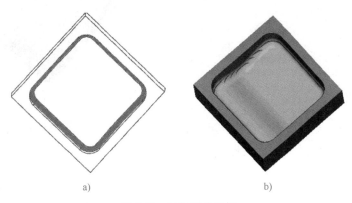

a)　　　　　　　　　　　　　b)

图 5-80　刀轨驱动示例

具体的工序操作参见加工源文件（通过机工教育网下载）sample/answer/05/ 刀轨驱动.prt。设置相应的几何体、刀具、加工参数后，在"固定轮廓铣"对话框中拾取如图 5-80a 所示阴影部分曲面（底部四周倒角）作为切削区域，选择驱动方法为"刀轨"。

在"指定 CLSF"对话框中，打开 sample/source/05/ysdg.cls 文件，在弹出的如图 5-81 所示对话框中选择 FINISH_WALLS 作为 CLSF 刀轨，该刀轨为精铣侧壁的刀轨，如图 5-82 所示。

图 5-81　选取 CLSF 刀轨

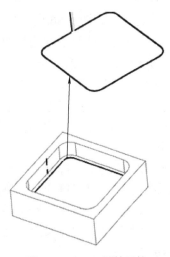

图 5-82　CLSF 原始刀轨

单击"生成刀轨"按钮，生成如图 5-83 所示的刀轨。单击"确认刀轨"按钮，在弹出的"刀轨可视化"对话框中进行 2D 动态仿真，实体仿真效果如图 5-84 所示。

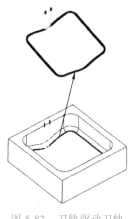
图 5-83　刀轨驱动刀轨

图 5-84　刀轨驱动实体仿真效果

（8）径向切削驱动　如图 5-85 所示，径向切削驱动可以使用指定的步距、条带和切削类型，生成沿着并垂直于给定边界的驱动轨迹。

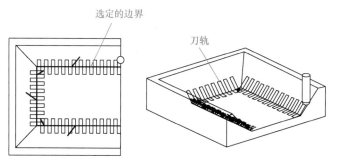
图 5-85　径向切削驱动图示

1）"径向切削驱动方法"对话框。在驱动方法中选择"径向切削"后，单击"编辑"按钮，系统弹出如图 5-86 所示的"径向切削驱动方法"对话框。其中，切削类型、切削方向、步距与前面的驱动方法相似，此处仅介绍不同之处。

① 驱动几何体。单击"指定驱动几何体"按钮，系统弹出"临时边界"对话框，在该对话框中可以选取和编辑边界集作为驱动几何体。若对话框中定义了多个边界，则系统会自动抬刀，从一个边界移刀到下一个边界。

② 条带。条带是在边界平面上测量的加工区域的总宽度。条带是材料侧和另一侧偏置值的总和。

材料侧是沿边界指示符的方向看过去的边界右手侧，另一侧是沿边界指示符的方向看过去的边界左手侧。材料侧和另一侧的条带总和不能等于零。

③ 刀轨方向。如图 5-87 所示，跟随边界：允许刀具按照边界指示符的方向沿着边界单向或往复向下移动；边界反向：允许刀具按照边界指示符的相反方向沿着边界单向或往复向下移动。

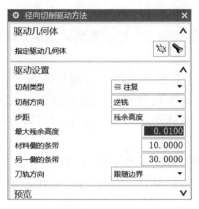
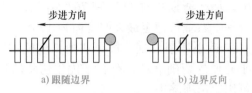

图 5-86　"径向切削驱动方法"对话框　　　　图 5-87　跟随边界与边界反向

2）径向切削驱动示例。

例 5-12：运用"径向切削"驱动方法完成如图 5-88a 所示曲面的精加工，零件已粗加工至如图 5-88b 所示。

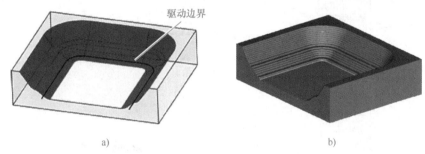

图 5-88　径向切削驱动示例

具体的工序操作参见加工源文件（通过机工教育网下载）sample/answer/05/ 径向切削驱动.prt。设置相应的几何体、刀具、加工参数后，在"固定轮廓铣"对话框中选择驱动方法为"径向切削"。在"径向切削驱动方法"对话框中，指定如图 5-88a 所示线串为驱动边界，"材料侧的条带"设置为"10"，"另一侧的条带"设置为"30"。设置相应的切削参数后，生成的刀轨如图 5-89 所示，实体仿真效果如图 5-90 所示。

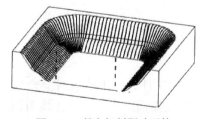

图 5-89　径向切削驱动刀轨　　　　　　图 5-90　径向切削驱动实体仿真效果

（9）清根驱动　清根驱动是固定轴铣削操作中特有的驱动方法，它可沿零件表面形成的凹角与沟槽创建刀路。在创建清根操作过程中，刀具必须与零件两个表面在不同点接触。如果零件几何表面曲率半径大于刀具半径，则无法产生双切线接触点，也就无法生成清根切削路径。

1）"清根驱动方法"对话框。在驱动方法中选择"清根"后，单击"编辑"按钮，系统弹出如图 5-91 所示的"清根驱动方法"对话框。

① 最大凹度。使用最大凹度可以确定加工哪些尖角或凹谷。如图 5-92 所示，前道工序加工后，因为比较平坦，160° 的凹谷内可能没有剩余材料，此时若设置最大凹度为 120°，那么清根只对 110° 和 70° 的凹谷进行加工，这样可以省去不必要的刀轨，提高加工效率。系统可指定最大凹度值为 179°。

② 最小切削长度。最小切削长度能够除去切削轨迹中某些长度较短的刀轨，不生成小于此值的切削运动，有利于优化切削轨迹。如图 5-93 所示，在圆角相交处非常短的刀轨可用此选项除去。

图 5-91 "清根驱动方法"对话框

③ 连接距离。如果加工曲面的数据结构不佳，软件在计算切削轨迹时会产生短小且不连续的刀轨。这些不连续的轨迹对连续走刀不利，设置连接距离决定了连接刀轨两端点的最大跨越距离。把断开的切削轨迹连接起来，可以排除短小且不连续的刀轨或刀轨中不需要的间隙。连接时系统将线性延长被连接的两刀轨，避免零件产生过切。如图 5-94 所示，过小的连接距离会使抬刀动作增加，间隙增大，切削不连续；合适的连接距离能减少不必要的间隙。

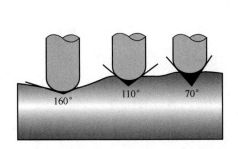

图 5-92　最大凹度示例

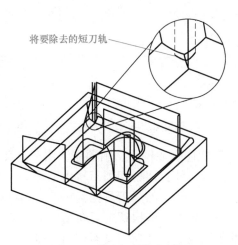

将要除去的短刀轨

图 5-93　最小切削长度示例

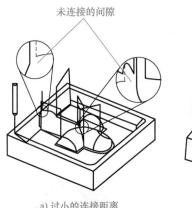

未连接的间隙

a) 过小的连接距离

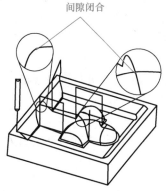

间隙闭合

b) 合适的连接距离

图 5-94　连接距离示例

④ 清根类型。清根一般采用"单刀路""多刀路""参考刀具偏置"三种方式完成对凹陷区域的半精加工与精加工。

单刀路：沿着凹角或沟槽产生一条单一刀路，如图 5-95 所示。

多刀路：通过指定偏置数目以及相邻偏置间的步进距离，在清根中心的两侧产生多条刀路。根部余量较多且不均匀时，可采用由外向内的切削顺序，步进距离小于刀具半径，如图 5-96 所示。

参考刀具偏置：当采用半径较小的刀具加工由大尺寸刀具粗加工后的根部材料时，参考刀具偏置是非常实用的选项。指定一个参考刀具直径（大直径）可定义加工区域的范围，如图 5-97 所示，通过设置切削步距在以凹角为中心的两边产生多条切削轨迹。为消除两把刀具的切削接刀痕迹，可以设置重叠距离沿着相切曲面扩展切削区域。

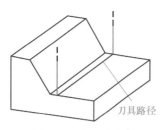
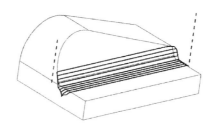
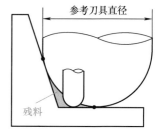

图 5-95　单刀路清根　　　　图 5-96　多刀路清根　　　　图 5-97　参考刀具偏置清根

⑤顺序。顺序即切削顺序，用于定义清根切削轨迹执行的先后次序。

由内向外：清根切削刀轨由凹槽的中心开始第一刀切削，步进向外一侧移动，直到这一侧加工完毕，然后刀具回到中心，沿凹槽切削，步进向另一侧移动，直到加工完毕。

由外向内：清根切削刀轨由凹槽一侧边缘开始第一刀切削，步进向中心移动，直到这一侧加工完毕，然后刀具回到另一侧，沿凹槽切削，步进向中心移动，直到加工完毕。

后陡：清根切削刀轨做单向切削，即由非陡峭壁一侧沿凹槽切削，步进向中心移动，通过中心后向陡峭壁一侧移动，直到加工完毕。

先陡：清根切削刀轨做单向切削，即由陡峭壁一侧沿凹槽切削，步进向中心移动，通过中心后向非陡峭壁一侧移动，直到加工完毕。

由内向外交替：清根切削刀轨由凹槽的中心开始第一刀切削，步进向外一侧移动，然后交替在两侧切削。

由外向内交替：清根切削刀轨由凹槽一侧边缘开始第一刀切削，步进向中心移动，然后交替在两侧切削。

2）清根驱动示例。

例5-13：运用"清根"驱动方法完成如图5-98a所示曲面的精加工，零件已粗加工至如图5-98b所示。

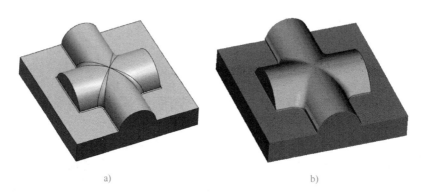

a)　　　　　　　　　　　　　b)

图 5-98　清根驱动示例

具体的工序操作参见加工源文件（通过机工教育网下载）sample/answer/05/清根驱动.prt。设置相应的几何体、刀具、加工参数后，在"固定轮廓铣"对话框中选择驱动方法为"清根"。在"清根驱动方法"对话框中，设置"清根类型"为"参考刀具偏置"，参考刀具为φ16mm的球头铣刀，重叠距离为1mm。设置相应的切削参数后，生成的刀轨如图5-99所示，实体仿真效果如图5-100所示。

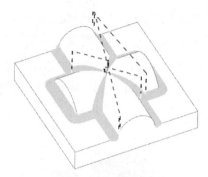

图 5-99 清根驱动刀轨

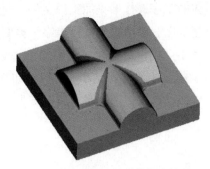

图 5-100 清根驱动实体仿真效果

（10）文本驱动 使用固定轮廓铣"文本"驱动方法，可直接在轮廓表面雕刻文本，如零件号和模具型腔号。此操作与制图文本完全关联。

1）"轮廓文本"对话框。在"创建工序"对话框中选择工序子类型为"文本" $\overset{A}{\searrow}$，设置程序、刀具、几何体和加工方法父级组并确定后，系统弹出如图 5-101 所示的"轮廓文本"对话框。

图 5-101 "轮廓文本"对话框

2）"文本驱动"示例。

例 5-14：运用"文本"驱动方法完成如图 5-102a 所示零件的文本雕刻，雕刻效果如图 5-102b 所示。

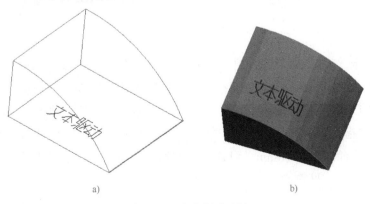

a)　　　　　　　　　　b)

图 5-102 文本驱动示例

具体的工序操作参见加工源文件（通过机工教育网下载）sample/answer/05/ 文本驱动.prt。在"创建工序"对话框中选择工序子类型为"文本" **A**，设置相应的几何体、刀具、加工参数后，单击"确定"按钮，系统弹出"文本驱动"对话框，单击"指定制图文本"按钮**A**，拾取图 5-102a 中的注释文本。设置"切削参数"中的余量为 –0.5mm（雕刻深度），设置相应其他的切削参数后，生成的刀轨如图 5-103 所示，实体仿真效果如图 5-104 所示。

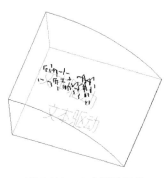

图 5-103　文本驱动刀轨　　　　　　　　　图 5-104　文本驱动实体仿真效果

5.2.4　加工子类型实例

1. 轮廓 3D 铣

轮廓 3D 铣加工是一种特殊的三维轮廓铣削，常用于曲面类实体的倒角加工。

例 5-15：运用轮廓 3D 铣操作完成如图 5-105a 所示部件的边缘倒角，倒角后效果如图 5-105b 所示。

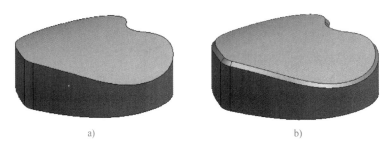

a)　　　　　　　　　　　　　　　　　　b)

图 5-105　轮廓 3D 铣

具体的工序操作参见加工源文件（通过机工教育网下载）sample/answer/05/ 轮廓 3D 铣.prt。在"创建工序"对话框中选择工序子类型为"轮廓 3D 铣" **N**，设置相应的几何体、刀具、加工参数后，单击"确定"按钮，系统弹出如图 5-106 所示的"轮廓 3D"对话框。单击"指定部件边界"按钮，拾取图 5-107 所示实体边界。设置部件余量为 –5mm，Z 向偏置深度为 10mm。设置相应的切削参数后，生成的刀轨如图 5-108 所示，实体仿真效果如图 5-109 所示。

图 5-106　"轮廓 3D"对话框

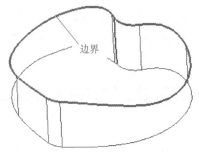

图 5-107　边界拾取

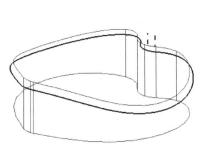

图 5-108　轮廓 3D 刀轨

图 5-109　轮廓 3D 实体仿真效果

2. 实体轮廓 3D 铣

实体轮廓 3D 铣加工是一种特殊的三维轮廓铣削，常用于曲面类实体的侧（直）壁铣削加工。

例 5-16：运用实体轮廓 3D 铣操作完成如图 5-110a 所示部件的侧壁铣削，零件毛坯如图 5-110b 所示。

注：毛坯已通过装配方式调入到部件中，完成毛坯几何体选择后，设置为不可见。

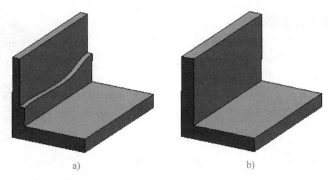

a)　　　　　　　　　　　　　b)

图 5-110　实体轮廓 3D 铣

具体的工序操作参见加工源文件（通过机工教育网下载）sample/answer/05/实体轮廓 3D 铣.prt。在"创建工序"对话框中选择工序子类型为"实体轮廓 3D 铣" ，设置相应的几何体、刀具、加工参数后，单击"确定"按钮，系统弹出如图 5-111 所示的"实体轮廓 3D"对话框。单击"指定壁"按钮 ，拾取如图 5-112 所示实体侧壁。

单击"切削参数"按钮 ，系统弹出如图 5-113 所示的"切削参数"对话框。在该对话框中，设置"侧面余量偏置"为"5"，"刀路数"为"5"。设置其他的切削参数后，生成的刀轨如图 5-114 所示，实体仿真效果如图 5-115 所示。

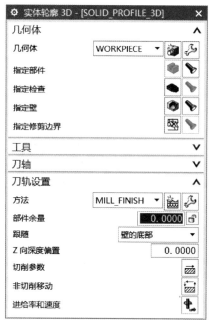

图 5-111　"实体轮廓 3D"对话框

图 5-112　指定侧壁

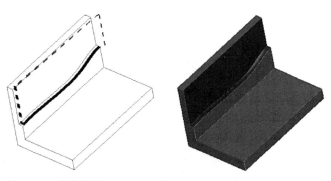

图 5-113　设置侧面余量偏置和刀路数　　图 5-114　实体轮廓 3D 刀轨　　图 5-115　实体轮廓 3D 实体仿真效果

5.3 型腔铣与固定轮廓铣实例

5.3.1 任务分析

打开加工源文件 sample/source/05/ 固定轮廓铣.prt，完成如图 5-116 所示模具型芯的加工，已知毛坯尺寸为 175mm×165mm×68mm，零件材料为 S136 塑料模具用钢。详细操作视频扫下方二维码。

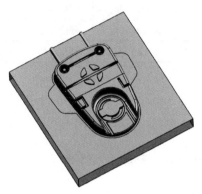

图 5-116　型腔铣与固定轮廓铣实例

1. 加工方案

本任务为一模具型芯的加工，为简化编程省去了工艺孔和流道等，毛坯为长方体，此型芯由平面、斜面、型腔、沟槽与曲面组成。部分沟槽、型腔与曲面区域较小，属于比较难加工的部分。

粗加工可先选用较大直径的刀具快速去除大部分余量；再选择直径较小的刀具二次开粗，去除残料。精加工可选用球头刀加工曲面部分，采用键槽铣刀加工平面部分。

2. 刀具及切削用量选取

由于零件材料为 S136 塑料模具用钢，故可选用硬质合金的刀具（刀片）。本任务中，刀具及切削参数的选用见表 5-3。

表 5-3　刀具及切削参数的选用

加工工序		刀具与切削参数					
		刀具规格			主轴转速 /（r/min）	进给率 /（mm/min）	每刀切深 / mm
序号	加工内容	刀号	刀具名称	材料			
1	首次开粗	T1	D26R2 立铣刀（机夹式）	硬质合金（刀片）	2000	400	2
2	二次开粗	T2	D3 立铣刀	硬质合金	5000	1000	0.8
3	精铣尾部槽 精铣两侧 L 型槽 精铣上方陡峭锥孔	T3	D2 键槽铣刀	硬质合金	6000	300	1 1 0.1

（续）

加工工序		刀具与切削参数					
序号	加工内容	刀具规格			主轴转速 /（r/min）	进给率 /（mm/min）	每刀切深 / mm
		刀号	刀具名称	材料			
4	精铣中间曲面槽 精铣上方槽 精铣导流部分	T4	R1 球头刀	硬质合金	6000	200	0.1
5	精铣整体曲面	T5	R5 球头刀	硬质合金	4000	1000	0.2
6	精铣表平面	T6	D6 键槽铣刀	硬质合金	3000	400	0.5
7	精铣底平面	T7	D20 键槽铣刀	硬质合金	1500	300	0.5

5.3.2 创建父级组

1. 打开文件进入加工环境

1）打开加工源文件 sample/source/04/ 固定轮廓铣 .prt，如图 5-117 所示部件模型被调入系统。

2）单击主菜单栏中"应用模块"中的"加工"图标 ，在弹出的"加工环境"对话框中选择"CAM 会话配置"为"cam_general"，"要创建的 CAM 组装"为"mill_contour"，单击"确定"按钮后进入型腔铣削加工界面。

2. 创建程序

单击"插入"工具栏中的"创建程序"按钮 ，系统弹出如图 5-118 所示对话框，在"程序"下拉列表中选择"PROGRAM"，在"名称"文本框中输入程序名"PROGRAM_GDJJG"。

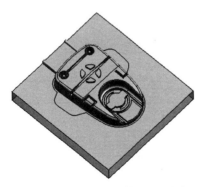

图 5-117 调入"固定轴加工"部件

图 5-118 创建"固定轴加工"程序

3. 创建刀具

单击"插入"工具栏中的"创建刀具"按钮 ，在弹出的"创建刀具"对话框中，

选择刀具子类型为 （MILL），输入刀具名称为"D26R2"，单击"确定"按钮，在弹出的刀具参数对话框中，设置直径为 26mm，下半径为 2mm，刀具号为 1 号，刀具材料为 Carbide，其他为默认设置。

用相同的方法创建表 5-3 中所列的其他刀具。

4. 创建几何体

坐标系与安全平面采用部件的默认设置，此处不做修改。

（1）部件几何体设定　在工序导航器的空白处右击（若操作导航器自动隐藏未在工作界面中显示，可单击资源条中的"工序导航器"按钮），在弹出的快捷菜单中单击"几何视图"命令，双击坐标节点 MCS_MILL 下的 WORKPIECE 节点（若导航器中未显示 WORKPIECE 节点，可单击坐标节点左侧的），系统弹出"几何体"对话框，单击"指定部件"按钮，系统弹出"部件几何体"对话框，选取工作界面中的实体模型。

（2）毛坯几何体设定　单击"指定毛坯"按钮，在弹出的"毛坯几何体"对话框中，设置"类型"为 包容块，其他参数均为默认设置（即不进行任何偏置），单击"确定"按钮完成毛坯几何体的创建。

5.3.3　创建工序

1. 首次开粗

1）单击"插入"工具栏中的"创建工序"按钮，在弹出的对话框中，设置"类型"为 mill_contour，"工序子类型"为，"程序"为"PROGRAM_GDJJG"，"刀具"为"D26R2"，"几何体"为"WORKPIECE"，"方法"为"MILL_ROUGH"。单击"确定"按钮，系统弹出"型腔铣"对话框，按如图 5-119 所示设置相关参数。

图 5-119　型腔铣参数设置

2）单击"进给率和速度"按钮，设置主轴转速为 2000r/min，切削进给率为 400mm/min。

3）单击"生成刀轨"按钮，生成如图 5-120 所示的型腔铣刀轨。单击"确认刀轨"按钮，在弹出的"刀轨可视化"对话框中进行 2D 动态仿真，实体仿真效果如图 5-121 所示。

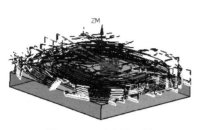

图 5-120　型腔铣刀轨　　　　　　　图 5-121　型腔铣实体仿真效果

2.二次开粗

（1）创建二次开粗操作

1）选中工序导航器程序顺序视图中前道工序生成的操作 CAVITY_MILL 并右击，在弹出的浮动菜单中单击"复制"命令，如图 5-122 所示。

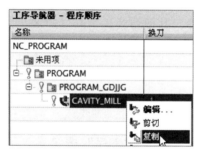

图 5-122　刀轨复制

2）右击 CAVITY_MILL，在弹出的浮动菜单中单击"粘贴"命令，生成 CAVITY_MILL_COPY，如图 5-123 所示。

3）右击 CAVITY_MILL_COPY，在弹出的浮动菜单中单击"重命名"命令，将其重命名为 CAVITY_MILL_2，如图 5-124 所示。

图 5-123　刀轨粘贴

图 5-124　刀轨重命名

（2）参数设置

1）双击 CAVITY_MILL_2，系统弹出"型腔铣"对话框，单击"刀具"下三角按钮，选取"D3"为当前工作刀具，如图 5-125 所示。

2）按如图 5-126 所示设置相关参数。

图 5-125　设置当前工作刀具

图 5-126　二次开粗参数设置

3）单击"切削参数"按钮￼，系统弹出"切削参数"对话框，在如图 5-127 所示的"空间范围"选项卡中，设置"处理中工件"为"使用 3D"。

4）单击"进给率和速度"按钮，设置主轴转速 5000r/min，切削进给率为 1000mm/min。

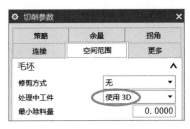

图 5-127　"空间范围"选项卡设置

（3）刀轨及仿真　单击"生成刀轨"按钮，生成如图 5-128 所示的二次开粗刀轨。单击"确认刀轨"按钮，在弹出的"刀轨可视化"对话框中进行 2D 动态仿真，实体仿真效果如图 5-129 所示。

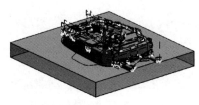

图 5-128　二次开粗刀轨

图 5-129　二次开粗实体仿真效果

3. 尾部槽精加工

1）单击"插入"工具栏中的"创建工序"按钮￼，在弹出的对话框中，设置"类型"为 mill_planar，"工序子类型"为￼，"程序"为"PROGRAM_GDJJG"，"刀具"为"D2"，"几何体"为"WORKPIECE"，"方法"为"MILL_FINISH"。单击"确定"按钮，系统弹出如图 5-130 所示的"底壁加工"对话框。

2）单击"指定切削区底面"按钮￼，选取如图 5-131 所示的尾部槽底面为切削区域。

图 5-130 "底壁加工"对话框

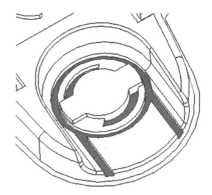

图 5-131 尾部槽切削区域选取

3）选中"自动壁"复选按钮，按如图 5-130 所示设置切削参数。

4）单击"进给率和速度"按钮，设置主轴转速为 6000r/min，切削进给率为 300mm/min。

5）单击"生成刀轨"按钮，生成如图 5-132 所示的尾部槽刀轨。单击"确认刀轨"按钮，在弹出的"刀轨可视化"对话框中进行 2D 动态仿真，实体仿真效果如图 5-133 所示。

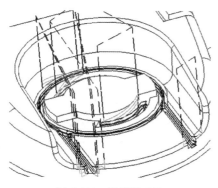

图 5-132 尾部槽刀轨

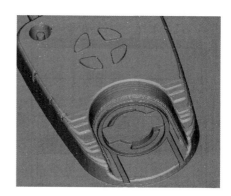

图 5-133 尾部槽实体仿真效果

4. 两侧 L 型槽精加工

工序子类型、切削方式、刀具、进给率和主轴转速等的设置与尾部槽的精加工方法相同。

1）选取如图 5-134 所示的两侧 L 型槽底面为切削区域。

2）按图 5-135 所示设置相关切削参数。

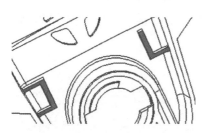

图 5-134　L 型槽切削区域选取

图 5-135　L 型槽切削参数设置

3）单击"生成刀轨"按钮，生成如图 5-136 所示 L 型槽刀轨。单击"确认刀轨"按钮，在弹出的"刀轨可视化"对话框中进行 2D 动态仿真，实体仿真效果如图 5-137 所示。

图 5-136　L 型槽刀轨

图 5-137　L 型槽实体仿真效果

5. 上方陡峭锥孔精加工

1）单击"插入"工具栏中的"创建工序"按钮 ，在弹出的对话框中，设置"类型"为 mill_contour ，"工序子类型"为 ，"程序"为" PROGRAM_GDJJG "，"刀具"为" D2 "，"几何体"为" WORKPIECE "，"方法"为" MILL_FINISH "。单击"确定"按钮，系统弹出如图 5-138 所示的"深度加工拐角"对话框。

2）单击"指定切削区域"按钮 ，拾取如图 5-139 所示的曲面槽为切削区域。

图 5-138　"深度加工拐角"对话框

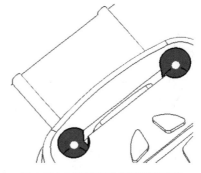

图 5-139　陡峭锥孔切削区域选取

3）按图 5-138 所示设置相关切削参数。

4）单击"进给率和速度"按钮，设置主轴转速为 6000r/min，切削进给率为 300mm/min。

5）单击"生成刀轨"按钮，生成如图 5-140 所示的陡峭锥孔刀轨。单击"确认刀轨"按钮，在弹出的"刀轨可视化"对话框中进行 2D 动态仿真，实体仿真效果如图 5-141 所示。

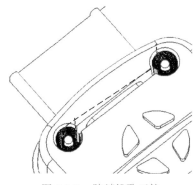

图 5-140　陡峭锥孔刀轨

图 5-141　陡峭锥孔实体仿真效果

6. 中间曲面槽精加工

1）单击"插入"工具栏中的"创建工序"按钮，在弹出的对话框中，设置"类型"为 mill_contour，"工序子类型"为，"程序"为"PROGRAM_GDJJG"，"刀具"为"R1"，"几何体"为"WORKPIECE"，"方法"为"MILL_FINISH"。单击"确定"按钮，系统弹出"流线铣削"对话框。

2）单击"指定切削区域"按钮，选取如图 5-142 所示的曲面槽为切削区域。

3）选取驱动方法为"流线"，单击与其对应的"编辑"按钮，按如图 5-143 所示设置"流线驱动方法"对话框中的相关参数。

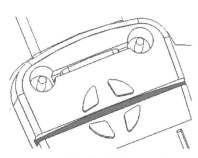

图 5-142　中间曲面槽切削区域选取

图 5-143　中间曲面槽切削参数设置

4）单击"进给率和速度"按钮，设置主轴转速为 6000r/min，切削进给率为 200mm/min。

5）单击"生成刀轨"按钮，生成如图 5-144 所示的中间曲面槽刀轨。单击"确认刀轨"按钮，在弹出的"刀轨可视化"对话框中进行 2D 动态仿真，实体仿真效果如图 5-145 所示。

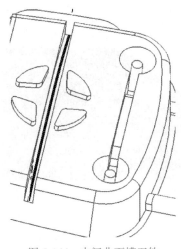

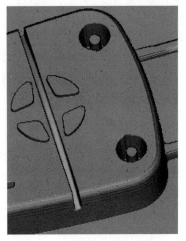

图 5-144　中间曲面槽刀轨　　　　　　图 5-145　中间曲面槽实体仿真效果

7. 上方槽精加工

1）单击"插入"工具栏中的"创建工序"按钮，在弹出的对话框中，设置"类型"为 mill_contour，"工序子类型"为，"程序"为"PROGRAM_GDJJG"，"刀具"为"R1"，"几何体"为"WORKPIECE"，"方法"为"MILL_FINISH"。单击"确定"按钮，系统弹出"多刀路清根"对话框。

2）单击"指定切削区域"按钮，拾取如图 5-146 所示的曲面槽为切削区域。

3）按如图 5-147 所示在"多刀路清根"对话框中设置相关上方槽切削参数。

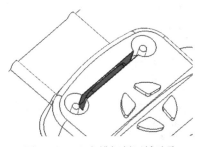

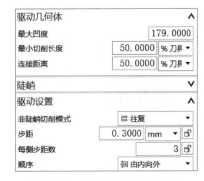

图 5-146　上方槽切削区域选取　　　　　图 5-147　上方槽切削参数设置

4）单击"进给率和速度"按钮，设置主轴转速为 6000r/min，切削进给率为 200mm/min。

5）单击"生成刀轨"按钮，生成如图 5-148 所示的上方槽刀轨。单击"确认刀轨"按钮，在弹出的"刀轨可视化"对话框中进行 2D 动态仿真，实体仿真效果如图 5-149 所示。

图 5-148　上方槽刀轨

图 5-149　上方槽实体仿真效果

8. 导流部分精加工

1）单击"插入"工具栏中的"创建工序"按钮，在弹出的对话框中，设置"类型"为 mill_contour ，"工序子类型"为，"程序"为"PROGRAM_GDJJG"，"刀具"为"R1"，"几何体"为"WORKPIECE"，"方法"为"MILL_FINISH"。单击"确定"按钮，系统弹出"轮廓区域铣"对话框。

2）单击"指定切削区域"按钮，拾取如图 5-150 所示的曲面为切削区域。

3）选取驱动方法为"区域铣削"，单击与其对应的"编辑"按钮，按如图 5-151 所示设置"区域铣削驱动方法"对话框中的相关参数。

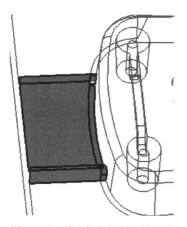

图 5-150　导流部分切削区域选取

图 5-151　导流部分切削参数设置

4）单击"进给率和速度"按钮，设置主轴转速为 6000r/min，切削进给率为 200mm/min。

5）单击"生成刀轨"按钮，生成如图 5-152 所示的导流部分刀轨。单击"确认刀轨"按钮，在弹出的"刀轨可视化"对话框中进行 2D 动态仿真，实体仿真效果如图 5-153 所示。

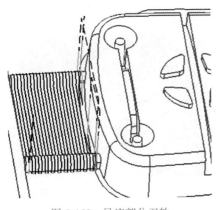

图 5-152　导流部分刀轨　　　　　　图 5-153　导流部分实体仿真效果

9. 整体曲面精加工

1）单击"插入"工具栏中的"创建工序"按钮，在弹出的对话框中，设置"类型"为 mill_contour ，"工序子类型"为，"程序"为"PROGRAM_GDJJG"，"刀具"为"R5"，"几何体"为"WORKPIECE"，"方法"为"MILL_FINISH"。单击"确定"按钮，系统弹出"轮廓区域铣"对话框。

2）单击"指定切削区域"按钮，拾取如图 5-154 所示的曲面为切削区域。

3）选取驱动方法为"区域铣削"，切削参数设置参见导流部分精加工相关内容。

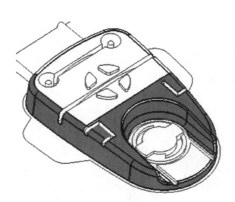

图 5-154　整体曲面切削区域选取

4）单击"进给率和速度"按钮，设置主轴转速为 4000r/min，切削进给率为 1000mm/min。

5）单击"生成刀轨"按钮，生成如图 5-155 所示的整体曲面刀轨。单击"确认刀轨"按钮，在弹出的"刀轨可视化"对话框中进行 2D 动态仿真，实体仿真效果如图 5-156 所示。

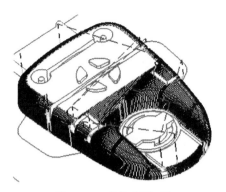

图 5-155　整体曲面刀轨

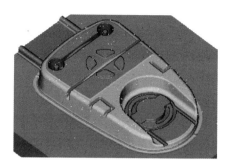

图 5-156　整体曲面实体仿真效果

10. 表平面精加工

1）单击"插入"工具栏中的"创建工序"按钮 ，在弹出的对话框中，设置"类型"为 mill_planar ，"工序子类型"为 ，"程序"为"PROGRAM_GDJJG"，"刀具"为"D6"，"几何体"为"WORKPIECE"，"方法"为"MILL_FINISH"。单击"确定"按钮，系统弹出"底壁加工"对话框。

2）单击"指定切削区域"按钮 ，拾取如图 5-157 所示的表平面为切削区域。

3）选中"自动壁"复选按钮，并按如图 5-158 所示设置切削参数。

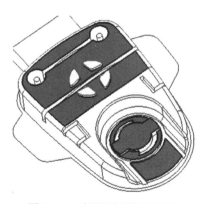

图 5-157　表平面切削区域选取

图 5-158　表平面切削参数设置

4）单击"进给率和速度"按钮，设置主轴转速为 3000r/min，切削进给率为 400mm/min。

5）单击"生成刀轨"按钮，生成如图 5-159 所示的表平面刀轨。单击"确认刀轨"按钮，在弹出的"刀轨可视化"对话框中进行 2D 动态仿真，实体仿真效果如图 5-160 所示。

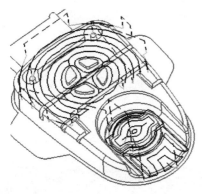

图 5-159　表平面刀轨

图 5-160　表平面实体仿真效果

11. 底平面精加工

操作步骤参见表平面精加工步骤。底平面精加工时，刀具选用 D20 键槽铣刀，设置主轴转速为 1500r/min，切削进给率为 300mm/min。底平面切削区域选取如图 5-161 所示，底平面刀轨如图 5-162 所示，底平面实体仿真效果如图 5-163 所示。

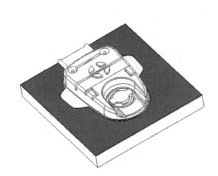

图 5-161　底平面切削区域选取

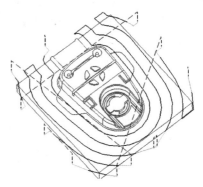

图 5-162　底平面刀轨

图 5-163　底平面实体仿真效果

项目 6　3+2 定向孔系加工

6.1　孔加工功能介绍

孔加工是一种相当常见的机械加工方法，孔加工可以创建定位、钻孔、扩孔、攻螺纹、镗孔、锪孔等操作。NX 可为各类孔加工创建刀轨、生成数控加工程序。

各类孔加工的刀路具有相似性：孔中心位置的精确定位；以快进速度或进刀速度移动至操作安全点；以切削速度运动至零件表面上的加工位置点；以切削速度或循环进给率加工至孔最深处；孔底动作（暂停、让刀等）；以退刀速度或快进速度退回操作安全点；快速运行至安全平面。

NX 生成的孔加工刀轨信息可以导出，以便创建一个刀位置源文件（CLSF）。通过使用图形后处理器模块，CLSF 可与大多数控制器和机床组合兼容，生成相应的程序，用户只需确保由系统生成的循环命令语句和机床的数控系统相匹配即可。

1. 孔加工子类型

打开一个部件文件，单击主菜单栏"应用模块"中的"加工"图标，在弹出的"加工环境"对话框中选择"CAM 会话配置"为"cam_general"，"要创建的 CAM 组装"为"drill"，单击"确定"按钮后进入孔加工界面。

单击"创建工序"按钮，系统弹出如图 6-1 所示的"创建工序"对话框，孔加工子类型图标、名称及说明见表 6-1。

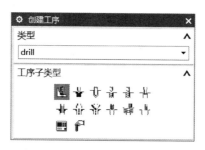

图 6-1　"创建工序"对话框

表 6-1 孔加工子类型图标、名称及说明

图标	名称	说明
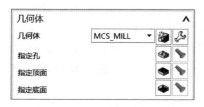	扩孔	用铣刀在零件表面上扩孔
	钻中心孔	用中心钻定位
	钻孔	普通钻孔
	啄式钻孔	适用于深孔加工
	断屑钻孔	适用于韧性材料加工
	镗孔	适用于精度较高、孔径较大（直径大于 25mm）的孔加工
	铰孔	适用于精度较高，孔径较小（直径小于 25mm）的孔加工
	平底锪孔	适用于平底沉孔的加工
	钻锥形沉孔	适用于孔口倒角
	攻螺纹	适用于较小螺纹孔（直径小于 20mm）的加工
	螺旋铣孔	适用于复杂形状孔的加工
	铣螺纹	适用于较大螺纹孔（直径大于 20mm）的加工

2. 孔加工几何体

为创建孔加工轨迹，需要定义孔加工几何体。如图 6-2 所示，孔加工几何体设置包括指定孔（加工位置）、指定顶面和指定底面三大要素，其中孔的加工位置是必须指定的。

（1）指定孔（加工位置） 指定孔用于定义孔的加工位置，单击"指定孔"按钮，系统弹出如图 6-3 所示的"点到点几何体"对话框。该对话框中列出了与位置设定相关的 11 个选项，各选项及说明见表 6-2。

图 6-2 孔加工几何体设置

图 6-3 "点到点几何体"对话框

表 6-2 "点到点几何体"对话框中位置设定相关选项及说明

选项	说明
选择	选择圆柱形和圆锥形的孔、圆弧、点，作为加工位置
附加	在一组先前选定的点中附加新的点
省略	忽略先前选定的点
优化	重新排列点的钻孔顺序，优化刀路
显示点	显示选择、附加、省略或优化等完成后的各点位的最终加工顺序和相应编号
避让	定义刀具避让夹具或障碍的动作
反向	颠倒加工点位的排列顺序
圆弧轴控制	显示、反向先前选定的圆弧和片体孔的轴线正向
Rapto 偏置	设置快进偏置，即定义刀具快进速度切换成切削速度的切换点
规划完成	完成点位定义，作用与"确定"按钮类似
显示 / 校核循环参数组	显示 / 校核每个参数集相关联的点

1）选择。单击"点到点几何体"对话框中的"选择"按钮，系统自动弹出"选择孔"对话框，用于选择孔、圆弧或点作为加工位置。"选择孔"对话框及各选项含义如图 6-4 所示。

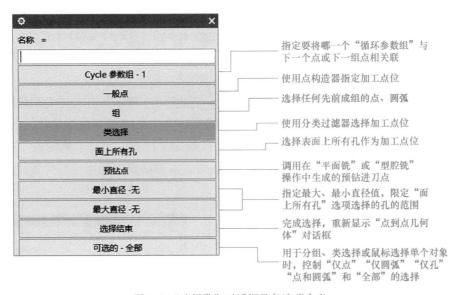

图 6-4 "选择孔"对话框及各选项含义

2）优化。在"点到点几何体"对话框中，单击"优化"按钮，系统自动弹出"孔位优化"对话框，如图 6-5 所示。使用此功能，可以重新安排各点的顺序。通常，重新排列加工顺序是为了生成刀具运动最快的刀轨，提高加工效率。同时，由于其他加工约束条件（如夹具位置、机床行程限制、加工台大小等），还可将刀轨限定在水平或竖直区域（带）内。

① 最短路径。在"孔位优化"对话框中，单击"最短路径"按钮，系统自动弹出

"最短路径"对话框，如图6-6所示。这种优化方式允许处理器根据最短加工时间来对加工点排序，该方法通常被用作首选方法，尤其是当点的数量很多（多于30个点）且需要使用可变刀轴时。但是，与其他优化方法相比，最短刀轨方法可能需要更多的处理时间。

图6-5　"孔位优化"对话框

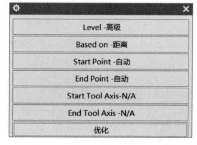

图6-6　"最短路径"对话框

② Horizontal Bands（水平条带）。在"孔位优化"对话框中，单击"Horizontal Bands"按钮，系统弹出如图6-7所示对话框，可以定义一系列水平条带，以包含和引导刀具沿平行于工作坐标XC轴的方向往复运动。每个条带由一对水平直线定义，系统按照定义顺序来对这些条带进行排序。

如图6-8所示，如果选择"升序"选项，系统将按照从最小XC值到最大XC值的顺序，对第一个条带和随后的所有奇数编号的条带（1、3、5等）中的点进行排序；对第二个条带和所有后续偶数编号的条带（2、4、6等）中的点按照从最大XC值到最小XC值的顺序排序。

如果选择"降序"选项，系统对奇数编号的条带（1、3、5等）中的点按照从最大XC值到最小XC值的顺序排序；对偶数编号的条带（2、4、6等）中的点按照从最小XC值到最大XC值的顺序排序。

图6-7　"升序/降序"对话框

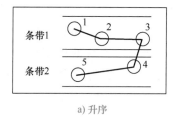

图6-8　刀位点的升序和降序排列

单击"升序"或"降序"按钮，使用光标在屏幕上选择一个点，系统通过该点生成一条平行于XC轴的水平线作为第一个水平条带的第一条直线。接下来，用相同的方法生成第一个水平条带的第二条线。重复为每个条带定义两条直线，直至定义所有的条带。单击"确定"按钮，系统对刀位点排序并返回"点到点几何体"对话框。由水平条带优化的点及生成的刀轨如图6-9所示。

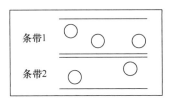
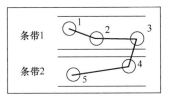

a) 水平条带   b) 生成的刀轨

图 6-9   由水平条带优化的点及生成的刀轨

③ Vertical Bands（竖直带）。与通过水平条带优化类似，区别只是条带与工作坐标 YC 轴平行，且每个条带中的点根据 YC 坐标进行排序。系统将省略那些虽然选中但未包含在任何条带中的刀位点。

④ Repaint Points（重新绘制点），在"是"与"否"之间切换。设置为"是"时，优化后系统将重新显示各点的序号；设置为"否"时，优化后系统不重新显示各点的序号。

（2）指定顶面   顶面是指刀具开始切入材料的位置，可以为实体上存在的面，也可以是一般平面。一个操作只能指定一个顶面，因此系统认为所有加工点的孔入口高度位置相同。如果没有指定顶面，则各点的顶面为通过该点并垂直于刀具轴线的平面。单击"指定顶面"按钮 ，系统弹出如图 6-10 所示的对话框。

图 6-10   "顶面"对话框

"面"：选择部件上的某个表面作为顶面；"平面"：使用平面构造器定义顶面；"ZC 常数"：定义一个垂直于 ZC 轴，并距 XC–YC 平面有一定距离的平面作为顶面；"无"：移除先前指定的顶面，系统在通过该点并垂直于刀具轴线的平面生成顶面。

（3）指定底面   底面指定钻孔的最低极限深度，可以为实体上存在的面，也可以是一般平面。当选择钻孔深度的方法为"至底面"或"穿过底面"时，需要指定底面。单击"指定底面"按钮 ，系统弹出"底面"对话框，其设置方法与顶面的设置方法相同。

3. 孔加工循环类型

在孔加工中，实际的工件可能含有不同类型的孔，需要采用不同的加工方式，如标准钻、啄钻、深孔加工、攻螺纹和镗孔等。这些加工方式有的属于连续加工，有的属于断续加工，因此它们的刀具切削运动不同。为了满足不同类型的孔的加工要求，除了在创建工序时指定工序子类型外，还可以在"循环类型"下拉列表中，选择所需的钻孔循环类型，实现不同类型孔的加工，如图 6-11 所示。

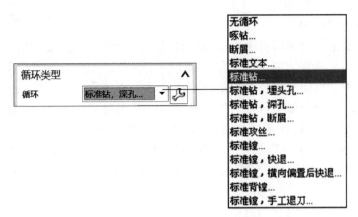

图 6-11　"循环类型"下拉列表

"无循环"：非循环加工，取消任何活动的循环。

"啄钻"：包含一系列以递增的中间增量钻孔，每次钻入后都退出顶面，用于排屑。

"断屑"：完成每次的增量钻孔深度后，刀具退到距当前深度之上一定距离的点处，用于断屑。

"标准文本"：根据输入的 APT 命令和参数生成一个循环。

"标准钻"：刀具迅速移动到点位上方，接着以循环进给速度钻削至要求的孔深，最后快速退回至安全点，然后到下一个点位，进行新的循环。

"标准钻，埋头孔"：与"标准钻"不同，钻孔深度根据埋头孔直径和刀尖角计算得出。

"标准钻，深孔"：与"标准钻"不同，刀具间隙进给，即到达每个新的增量深度后以快速进给率从孔中退出，以利于排屑。

"标准钻，断屑"：与"标准钻，深孔"不同，完成每个增量后不是退刀至孔外，而是退一较小距离，钻至最终深度后才以快速进给率从孔中退出。

"标准攻丝"[一]：用于攻螺纹加工，与"标准钻"不同，进给至孔底后，主轴反转，以切削速度从孔中退出。

"标准镗"：与"标准钻"不同，刀具以切削速度进给至孔底，再以切削速度退回。

"标准镗，快退"：与"标准镗"不同，刀具以切削速度进给至孔底，主轴停止，以快速进给率从孔中退出。

"标准镗，横向偏置后快退"：与"标准镗"不同，刀具以切削速度进给至孔底后，主轴停止并定向、横向让刀，快速从孔中退刀至安全点后，退回让刀值，主轴再次启动。

"标准背镗"：与"标准镗"不同，镗孔过程在退刀时完成。刀具在孔上方完成主轴的停转、定向、偏置等动作，再将主轴送入孔底，在孔底返回偏置值，主轴正转，以切削方式退出孔外。

"标准镗，手工退刀"：与"标准镗"不同，进给到指定深度，主轴和程序停止，操作人员以手动方式将刀具退出孔外。

　　⊖　为与软件统一，这里保持"攻丝"。

4. 孔加工循环参数组

（1）循环参数组　对于零件中类型相同且直径相同的孔，其加工方式虽然相同，但由于各孔的深度不同，或者为满足不同孔的加工精度要求，需要用不同的进给速度加工。在同一个钻孔循环中，可通过循环参数组指定不同的循环参数，满足相应的加工要求。在每个循环参数组中可以指定加工深度、进给量、暂停时间和切削深度增量等循环参数。

使用循环参数组可以将不同的循环参数值与刀轨中不同的点（点组）相关联。从图 6-11 所示的"循环"下拉列表中选择循环类型后，系统弹出如图 6-12 所示的"指定参数组"对话框，在文本框中输入要定义的循环参数组的数量即可，每个钻孔循环可指定 1～5 个循环参数组。在同一个刀路中，若各孔的加工深度相同，则指定 1 个循环参数组；若有不同加工深度的孔，则应指定相应数量的循环参数组。

图 6-12　"指定参数组"对话框

（2）循环参数的设置　指定循环参数组的数量后，单击"确定"按钮，系统弹出如图 6-13 所示的"Cycle 参数"对话框，可为每个循环参数组设置相应的循环参数，这些参数详细指定了刀具将如何执行所需的操作。

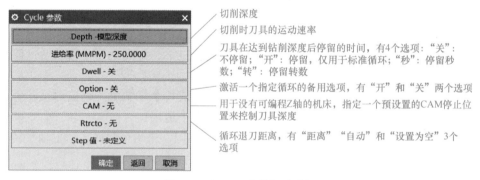

图 6-13　"Cycle 参数"对话框

（3）Cycle 深度　单击"Depth"按钮，弹出如图 6-14 所示的"Cycle 深度"对话框，系统提供了 6 种指定钻削深度的方法，方法及说明见表 6-3。图 6-15 所示为各钻削深度指定方法的示意图。

表 6-3　钻削深度指定方法及说明

方法	说明
模型深度	自动计算实体中每个孔的深度（对于通孔和盲孔，计算时将分别考虑"通孔安全距离"和"盲孔余量"两个参数）
刀尖深度	指定了一个正值，该值为从部件表面沿刀轴到刀尖的深度
刀肩深度	指定了一个正值，该值为从部件表面沿刀轴到刀具圆柱部分底部（刀肩）的深度

（续）

方法	说明
至底面	系统沿刀轴计算刀尖接触到底面所需的深度
穿过底面	系统沿刀轴计算刀肩接触到底面所需的深度。如果希望刀肩越过底面，可以在定义底面时指定一个安全距离。底面在"钻孔"对话框中指定
至选定点	系统沿刀轴计算从部件表面到选定点的 ZC 坐标间的深度

图 6-14 "Cycle 深度"对话框

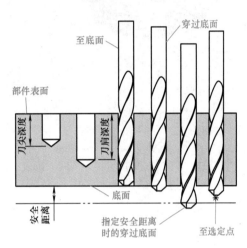

图 6-15   各钻削深度指定方法示意

6.2 多轴定向加工液压球阀

6.2.1 任务描述

打开加工源文件 sample/source/06/yyqf.prt，完成如图 6-16 所示液压球阀的加工，零件材料为 20Cr13 不锈钢。详细操作视频扫下方二维码。

6.2.2 工艺设计

1. 加工要素

需加工的要素有：Sϕ312 球体；A 向（五处）：平面、$\phi131.6_0^{+0.1}$mm 表面粗糙度 Ra=1.6μm 的孔，M14（孔深 22mm 螺纹深 18mm）螺纹孔；B 向（三处）：平面、$\phi50_0^{+0.1}$mm 深 3mm 的孔、$\phi39_0^{+0.1}$mm 深 32mm 的孔、$\phi32$mm 的孔、M6（孔深 15mm 螺纹深 12mm）螺纹孔；C 向（三处）：平面、M27（螺纹深 20mm）螺纹孔；D 向（三处）：平面、$\phi25$mm 的孔。

这些待加工的平面与孔系分布在球面和不同矢量方向上，宜采用多轴联动的数控机床，进行 3+2 轴定向加工。

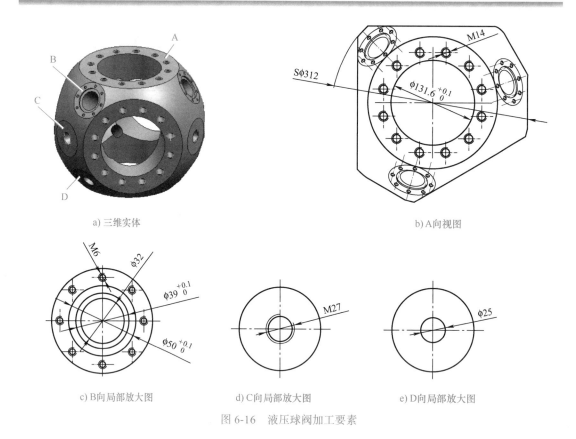

a) 三维实体   b) A 向视图

c) B 向局部放大图   d) C 向局部放大图   e) D 向局部放大图

图 6-16　液压球阀加工要素

2. 工艺流程设计

1）A 向和与之对称的端面及 M14 的螺纹孔可在普通立式三轴联动铣镗类加工中心上完成，并在其中心位置钻上 φ25mm 的预钻孔。

2）在车床上车削 A 向上 φ131.6mm 内孔至尺寸要求，并保证表面精度；以加工好的内孔为基准车削 Sφ312mm 的球形外轮廓。

3）以 A 端面和内孔为定位基准，在多轴联动机床上加工三个大侧平面及面上的孔系，以及 C 向（三处）、D 向（三处）平面和孔系。

4）以与 A 向相对的平面和内孔为定位基准，加工 B 向（三处）平面和孔系。

为保证各平面及孔系之间的位置精度，减少工件的装夹次数，步骤 3）、4）以端面和孔为基准进行定位，利用底部螺纹孔进行夹紧，以 NX 的辅助制造功能生成其数控加工程序，在五轴或 3+2 轴联动数控机床中完成加工。液压球阀的工艺流程示意如图 6-17 所示。

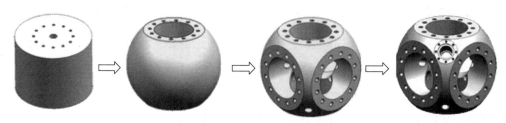

图 6-17　液压球阀的工艺流程示意

3. 工件的定位与夹紧

球形阀在多轴联动机床上的定位采用如图 6-18 所示的夹具体，进行步骤 3）加工时，以大平面与短的圆柱面限制其五个自由度，用四个螺栓从底面将球形阀锁定在夹具体上，如图 6-19 所示。夹具体可通过螺栓、压板、T形槽铁固定在机床工作台面上。

进行步骤 4）加工时，工件须掉头装夹，其定位与夹紧方式与步骤 3）相同，另外还需使如图 6-20 所示平面与 Y 轴平行（可用百分表找正），以确保孔系之间的位置精度要求。

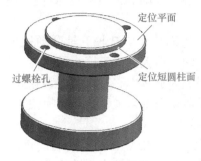

图 6-18　夹具体

图 6-19　步骤 3）装夹示意

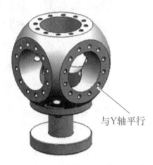

图 6-20　步骤 4）装夹示意

4. 刀具及切削用量选取

本任务仅介绍步骤 3）、4）在五轴联动机床上的定向加工，步骤 1）、2）在普通数控机床上完成，此处不再讲述。由于零件材料为 20Cr13 不锈钢，故选用高速钢与硬质合金材料的刀具。本例步骤 3）加工刀具参数见表 6-4。

表 6-4　液压球阀加工刀具参数　　　　　　　　　　　　（单位：mm）

刀号	名称	类型	刀具参数			刀柄参数			夹持器	
			直径/ 下半径	长度/刃长	刀刃数	直径/长度	锥柄长		下直径/ 长度	上直径
1	T_C100	面铣刀	100	50/15	6个	40/30	0		60/30	60
2	SP_10	中心钻	10	20/8	2个	10/25	0		25/60	25
3	DR12.4	麻花钻	12.4	60/6	2个	12.4/30	0		30/60	30
4	TAP14	丝锥	14	40/30	2个	12/25	15		30/60	30
5	DR25	麻花钻	25	108/20	2个	25/40	0		45/60	45
6	MI30	机夹式 立铣刀	30/2	40/20	2个	25/100	20		50/60	50
7	BORING131.6	精镗刀	131.6	40/4	1个	40/80	30		65/60	65
8	DR24	麻花钻	24	108/20	2个	24/40	0		45/60	45
9	TH27	螺纹 铣刀	27	90/80	2个	20/25	10		45/60	45

6.2.3 五轴联动机床简介

1. 五轴联动机床的常见机型

五轴联动加工中心有高效率、高精度的特点，工件一次装夹就可完成五面体的加工。若配置五轴联动的高档数控系统，还可以对复杂的空间曲面进行高精度加工，更能够适合越来越复杂的高档、先进模具的加工以及汽车零部件、飞机结构件等精密、复杂零件的加工。

五轴联动加工中心是在传统的三轴联动铣镗类加工中心的基础上，加两根旋转轴。根据旋转轴的布置和选择不同，常用的五轴联动机床分为以下几类。

（1）双转台五轴联动机床　如图 6-21 所示，此机床为双转台 A+B 轴五轴联动机床。这类机床旋转坐标有足够的行程范围，工艺性能好。转台的刚性大大高于摆头的刚性，从而提高了机床总体刚性。双转台五轴联动机床，便于发展成为加工中心，只需加装独立式刀库及换刀机械手即可。但双转台五轴联动机床转台坐标驱动功率较大，坐标转换关系较复杂。

（2）双摆头五轴联动机床　如图 6-22 所示，此机床为双摆头 A+B 轴五轴联动机床。这类机床坐标驱动功率较小，工件装卸方便且坐标转换关系简单，但机床刚性低于转台类机床。

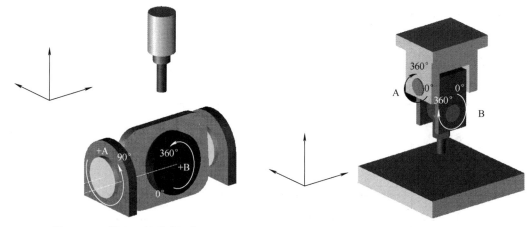

图 6-21　双转台五轴联动机床　　　　　图 6-22　双摆头五轴联动机床

（3）一摆头一转台五轴联动机床　如图 6-23 所示，此机床为一摆头一转台式 B+C 轴五轴联动机床。这类机床的性能介于上述两者之间。本书项目 7～9 中均采用这类机床进行刀轨生成及程序编制。

2. 五轴联动机床的优点

（1）提高加工质量　面铣刀五坐标数控加工的表面残留高度小于球头刀三坐标数控加工的表面残留高度。

（2）提高加工效率　在相同的表面质量要求和相同的切深值下，相比三坐标数控加工，五坐标数控加工可以采用更大的行距，因而有更高的加工效率。

图6-23   一摆头一转台五轴联动机床

（3）扩大工艺范围   在航空制造部门中有些零件，如航空发动机上的整体叶轮，由于叶片本身扭曲和各曲面间相互位置限制，加工时不得不转动刀具轴线，否则很难甚至无法加工。另外在模具加工中，有时只能用五坐标数控加工才能避免刀身与工件的干涉。

（4）有利于制造系统的集成化   出于发展的考虑，现代机械加工都向着加工中心、FMS方向发展，加工中心能在同一工位上完成多面加工，可保证位置精度且提高了加工效率。国外数控镗铣床和加工中心为了适应多面体和曲面零件的加工，均采用多轴加工技术，其中包含五轴联动功能。因此在加工中心上扩展五轴联动功能可大大提高加工中心的加工能力，便于系统的进一步集成化。

3.3+2 轴定向加工

五轴机床一般有定向加工（三轴联动）和多轴联动（四轴或五轴联动）两种方式。五轴联动功能一般用于复杂曲面、腔体等的精加工，如图6-24所示。为保证曲面的加工精度，在加工该曲面时刀具除X、Y、Z轴进给之外，B、C轴也沿曲面的法向摆动与旋转。

以B+C轴一摆头一转台五轴联动机床为例，定向加工一般是主轴头B摆动至某一特定角度，转台C旋转至某一特定角度后，B、C轴锁定，机床X、Y、Z轴联动，进行加工。摆头和转台摆动至某一指定的角度之后，五轴机床运行方式相当于三轴联动的加工中心。如图6-25所示，B、C两轴预先转至与型腔垂直的位置之后，刀具以三轴立式加工中心的工作方式加工型腔。

在五轴联动加工过程中，机床的刚性不及定向加工。一般情况下，零件先在五轴机床上通过定向加工进行开粗和半精加工，留下少许余量，通过五轴联动精加工来保证表面质量。箱体和孔系类零件的加工，可直接使用五轴定向方式完成最终的加工。

图 6-24　五轴联动加工　　　　　　　　　　图 6-25　多轴定向加工

6.2.4　创建父级组

1. 打开文件进入加工环境

打开加工源文件 sample/source/07/ 液压球阀.prt，如图 6-26 所示部件模型被调入系统。

单击主菜单栏"应用模块"中的"加工"图标 ，在弹出的"加工环境"对话框中选择" CAM 会话配置"为" cam_general"，"要创建的 CAM 组装"为" mill_contour"，单击"确定"按钮后进入型腔铣削加工界面。

2. 创建程序

单击"插入"工具栏中的"创建程序"按钮 ，系统弹出如图 6-27 所示的对话框，在"程序"下拉列表中选择" PROGRAM"，在"名称"文本框中输入程序名" pmjg_rough_1"，单击"应用"按钮，继续输入"pmjg_finsh_1"单击"确定"按钮。

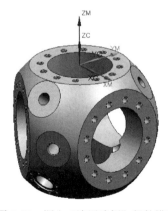

图 6-26　调入"液压球阀"部件模型　　　　图 6-27　创建"液压球阀加工"程序

选取"类型"为" drill"，在"程序"下拉列表中选择" PROGRAM"，分别创建程序名为" KJG_DW_1""KX_1""K_25""M_27"的程序。

3. 创建刀具

注：多轴联动加工时，一般不能直观地观察刀柄与工件的干涉情况，故要在创建刀具时，对刀柄与夹持器进行定义。

单击"插入"工具栏中的"创建刀具"按钮，在弹出的如图 6-28 所示"创建刀具"对话框中，选择刀具类型为 mill_contour，子类型为 （MILL），在"名称"文本框中输入" T_C100"，单击"确定"按钮，在弹出的如图 6-29 所示刀具参数对话框中，设置直径为 100mm，刀长为 50mm，刀刃长度为 15mm，刀刃个数为 6，刀具号为 1 号，刀具材料为 Carbide，其他为默认设置。

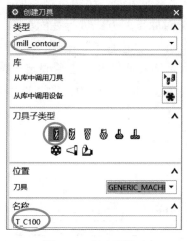

图 6-28　创建面铣刀

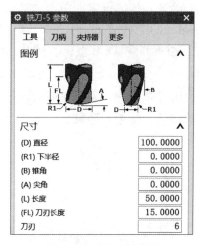

图 6-29　刀具参数设置

单击刀具参数对话框中的"刀柄"选项卡，在弹出的如图 6-30 所示对话框中，设置刀柄直径为 40mm，刀柄长度为 30mm，锥柄长度为 0mm，其他为默认设置。

单击"夹持器"选项卡，在弹出的如图 6-31 所示对话框中，设置下直径为 60mm，长度为 30mm，上直径为 60mm，其他为默认设置。单击"确定"按钮完成面铣刀的设置。

用相同的方法，完成表 6-4 中其他刀具的创建。

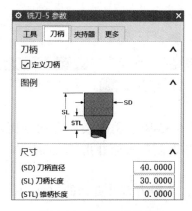

图 6-30　刀柄参数设置

图 6-31　夹持器参数设置

4. 创建几何体

坐标系与安全平面采用部件的默认设置，此处不做修改。

（1）部件几何体设定　在工序导航器的空白处右击（若操作导航器自动隐藏未在工作界面中显示，可单击资源条中的"工序导航器"按钮 ），在弹出的快捷菜单中单击"几何视图"命令，双击坐标节点 ⊞ MCS_MILL 下的 WORKPIECE 节点（若导航器中未显示 WORKPIECE 节点，可单击坐标节点左侧的⊞），系统弹出"几何体"对话框，单击"指定部件"按钮 ，系统弹出"部件几何体"对话框，单击选取工作界面中的实体模型，单击"确定"按钮完成部件几何体的创建。

（2）毛坯几何体设定　单击"装配"工具栏中的"添加组件"按钮，打开加工源文件 sample/source/07/yyqf_m.prt，如图 6-32 所示，以"绝对原点"方式进行装配。

双击 WORKPIECE 节点，在弹出的对话框中，单击"指定毛坯"按钮 ，系统弹出"毛坯几何体"对话框，拾取"yyqf_m.prt"组件作为毛坯几何体并单击"确定"按钮。

单击资源条中的"装配导航器"按钮 ，在如图 6-33 所示界面中，取消选中 yyqf_m 前的复选按钮，使毛坯隐藏。

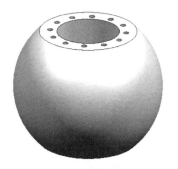

图 6-32　液压球阀半成品

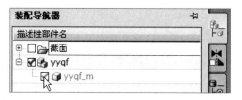

图 6-33　隐藏毛坯

6.2.5　创建工序

1. 平面粗加工

（1）大平面粗加工

1）单击"插入"工具栏中的"创建工序"按钮 ，在弹出的"创建工序"对话框中，设置"类型"为 mill_contour，"工序子类型"为 ，"程序"为 PMJG_ROUGH_1，"刀具"为 T_C100，"几何体"为 WORKPIECE，"方法"为 MILL_ROUGH。单击"确定"按钮，系统弹出如图 6-34 所示的"型腔铣"对话框。

2）单击"指定切削区域"按钮 ，拾取如图 6-35 所示阴影表面为切削区域。在"刀轴"栏的"轴"下拉列表中选择"指定矢量"，拾取阴影表面并指定表面法向（向外）方向为矢量方向。

3）在刀轨设置中指定"切削模式"为"往复"，步距为刀具直径的 80%，每刀切削深度为 2mm。

图 6-34   "型腔铣"对话框

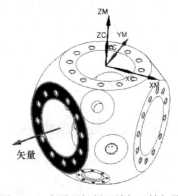

图 6-35   大平面切削区域与刀轴矢量

4）单击"进给率和速度"按钮 ⚙，设置主轴转速为 1000r/min，切削进给率为 200mm/min。

5）单击"生成刀轨"按钮 📐，生成如图 6-36 所示的大平面粗加工刀轨。

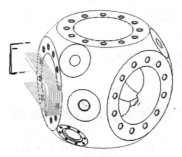

图 6-36   大平面粗加工刀轨

（2）D 向平面粗加工

1）单击"资源管理器"中的"工序导航器"按钮 📋，在如图 6-37 所示界面中单击选中 **CAVITY_MILL** 并右击，在弹出的浮动菜单中单击"复制"命令，在空白处右击，在弹出的浮动菜单中单击"粘贴"命令，复制出 **CAVITY_MILL_COPY**，如图 6-38 所示。选中此程序并右击，在弹出的浮动菜单中单击"重命名"命令，将其重合名为 **CAVITY_MILL_D**，如图 6-39 所示。

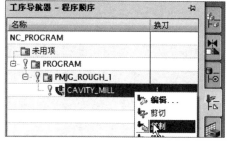

图 6-37　复制铣平面刀轨　　　　图 6-38　粘贴铣平面刀轨　　　图 6-39　重命名铣平面刀轨

2）双击 **CAVITY_MILL_D**，系统弹出"型腔铣"对话框。

3）单击"指定区域"按钮，在弹出的如图 6-40 所示"切削区域"对话框中删除原有区域，拾取如图 6-41 所示阴影部分为切削区域。

4）在"刀轴"栏的"轴"下拉列表中选择"指定矢量"，拾取如图 6-41 所示的阴影表面并指定表面法向（向外）方向为矢量方向。

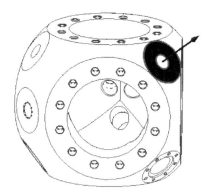

图 6-40　删除原有切削区域　　　　　　图 6-41　指定 D 向切削区域和矢量方向

5）在刀轨设置中指定"切削模式"为"单向"，步距为刀具直径的 60%，每刀切削深度 2mm。

6）单击"切削参数"按钮，在弹出的如图 6-42 所示对话框中，设置切削角为与 X 轴的夹角为 −30°。

图 6-42　切削角设置

7）单击"生成刀轨"按钮 ，生成如图6-43所示的D向平面粗加工刀轨。

（3）C向平面粗加工　C向平面粗加工的操作步骤与D向平面粗加工相似，复制 `CAVITY_MILL_D` 刀轨并粘贴，将其重命名为 `CAVITY_MILL_C`，如图6-44所示。指定如图6-45所示阴影部分平面和刀轴矢量方向，将"切削参数"对话框中的切削角修改为与X轴夹角0°，生成如图6-46所示C向平面粗加工刀轨。

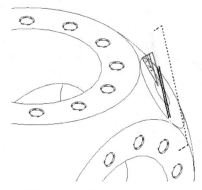

图6-43　D向平面粗加工刀轨

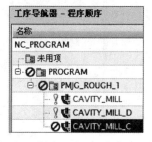

图6-44　创建C向平面粗加工程序

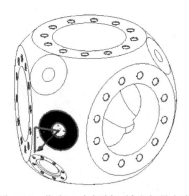

图6-45　指定C向切削区域和矢量方向

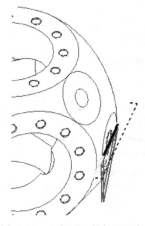

图6-46　C向平面粗加工刀轨

（4）粗加工刀轨变换

1）单击"资源管理器"中的"工序导航器"按钮 ，在如图6-47所示界面中单击选中 `CAVITY_MILL` 并右击，在弹出的浮动菜单中单击"对象"→"变换"命令。

2）系统弹出如图6-48所示的"变换"对话框，设置"类型"为"绕点旋转"，指定图6-49所示圆心位置为枢轴点，在"角度"文本框中输入变换角度为120°，选中"复制"单选按钮，设置"距离/角度分割"和"非关联副本数"均为"1"。单击"确定"按钮，生成如图6-49所示旋转120°的刀轨。

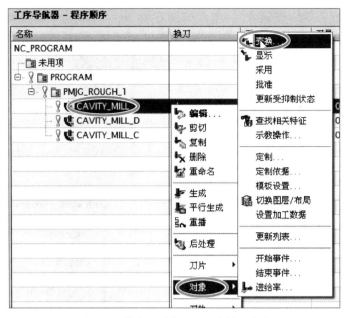

图 6-47　单击"对象"→"变换"命令

图 6-48　"变换"对话框

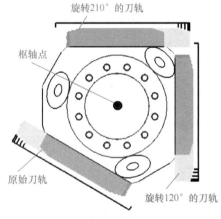

图 6-49　刀轨旋转

3）重复步骤 1）和 2），只需将"变换"对话框中的"角度"修改为 210°，其他设置均不做改变，单击"确定"按钮，生成如图 6-49 所示旋转 210° 的刀轨。

4）选中图 6-47 所示界面中的 C 向刀轨 **CAVITY_MILL_C**，参考步骤 1）～ 3）分别生成另两个方位的粗加工刀轨，旋转角度分别为 210° 和 240°。C 向刀轨变换如图 6-50 所示。

5）选中图 6-47 所示界面中的 D 向刀轨 **CAVITY_MILL_D** 并右击，在弹出的浮动菜单中单击"对象"→"变换"命令。在弹出的"变换"对话框中，按图 6-51 所示设置角度为 120°，非关联副本数为"2"，单击"确定"按钮。D 向刀轨变换如图 6-52 所示。

6）调整加工程序名称和顺序。按图 6-53 所示重命名变换后的六个刀轨，并将其对应拖动至各自原始刀轨之后。

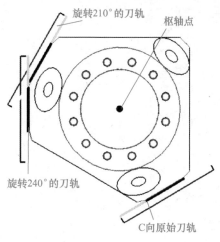

图 6-50　C 向刀轨变换

图 6-51　D 向刀轨变换对话框

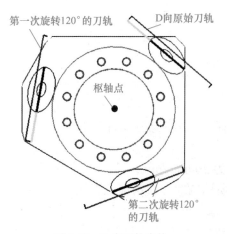

图 6-52　D 向刀轨变换

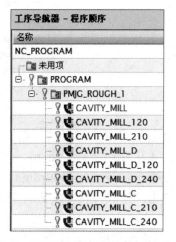

图 6-53　调整平面粗加工程序名称和顺序

2. 平面精加工

（1）大平面精加工

1）单击"插入"工具栏中的"创建工序"按钮，系统弹出"创建工序"对话框，设置"类型"为 mill_planar，"工序子类型"为 ⬛，"程序"为 PMJG_FINISH_1，"刀具"为 T_C100，"几何体"为 WORKPIECE，"方法"为 MILL_FINISH。单击"确定"按钮，系统弹出如图 6-54 所示的"底壁加工"对话框。

2）单击"指定切削区域底面"按钮 🖼，拾取如图 6-35 所示阴影表面为切削区域。在"刀轴"栏的"轴"下拉列表中选择"垂直第一个面"。

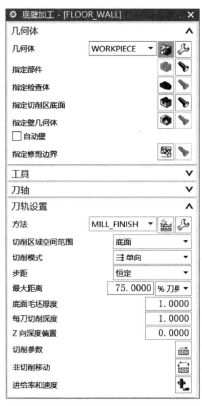

图 6-54 "底壁加工"对话框

3）在刀轨设置中指定"切削模式"为"单向"，步距为刀具直径的 75%，毛坯距离为 1mm，每刀切削深度为 1mm。

4）设置主轴转速为 1500r/min，切削进给率为 200mm/min。

5）单击"生成刀轨"按钮，生成如图 6-55 所示的大平面精加工刀轨。

注：若刀具切削角度与图中不一致，则可以在如图 6-56 所示的"切削参数"对话框的"策略"选项卡中，通过指定切削角矢量进行调整。此处可以指定为 X 轴正方向。

6）采用与粗加工时相同的刀轨变换方法，旋转、复制出 120° 和 210° 方向上两个大平面的刀轨，如图 6-57 所示。

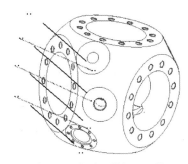

图 6-55 大平面精加工刀轨

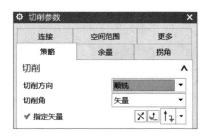

图 6-56 指定切削角矢量

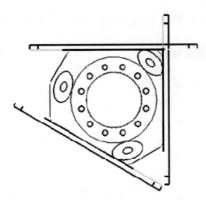

图 6-57　大平面精加工刀轨变换

（2）D 向和 C 向平面精加工　D 向和 C 向平面的精加工方法及参数设置与大平面精加工操作步骤相同，生成刀轨后，可采用与平面粗加工相同的"变换"命令生成其他几个平面的刀轨。平面精加工后程序可按如图 6-58 所示重命名和排序。

选中图 6-58 中的 `PROGRAM` 并右击，在弹出的浮动菜单中单击"刀轨"命令，在弹出的二级浮动菜单中单击"确认"命令，在系统弹出的"刀轨可视化"对话框中进行 2D 动态仿真，实体仿真效果如图 6-59 所示。

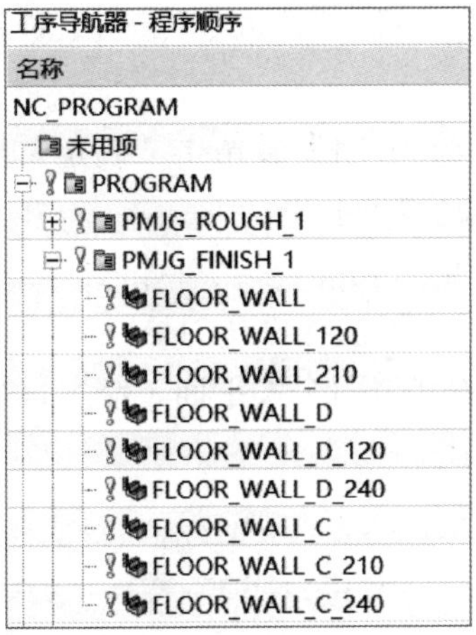

```
工序导航器 - 程序顺序
名称
NC_PROGRAM
   📁 未用项
 ☐ ⑨ 📁 PROGRAM
   ⊞ ⑨ 📁 PMJG_ROUGH_1
   ⊟ ⑨ 📁 PMJG_FINISH_1
      ⑨ 🔧 FLOOR_WALL
      ⑨ 🔧 FLOOR_WALL_120
      ⑨ 🔧 FLOOR_WALL_210
      ⑨ 🔧 FLOOR_WALL_D
      ⑨ 🔧 FLOOR_WALL_D_120
      ⑨ 🔧 FLOOR_WALL_D_240
      ⑨ 🔧 FLOOR_WALL_C
      ⑨ 🔧 FLOOR_WALL_C_210
      ⑨ 🔧 FLOOR_WALL_C_240
```

图 6-58　平面精加工程序重命名与排序

图 6-59　平面加工实体仿真效果

3. 孔定位

（1）大平面孔定位

1）单击"插入"工具栏中的"创建工序"按钮，系统弹出"创建工序"对话框，设置"类型"为 `drill`，"工序子类型"为 ⬇，"程序"为 `kjg_dw_1`，"刀具"为 `SP_10`，"几何体"为 `WORKPIECE`，"方法"为 `DRILL_METHOD`。单击"确定"按钮，系统弹出如图 6-60 所示的"定心钻"对话框。

2）单击"指定孔"按钮 ⬢，在弹出的"点到点几何体"对话框中单击"选择"按钮，在弹出的"选择孔"对话框中单击"面上所有孔"按钮，拾取如图 6-61 所示的阴影表面并单击"确定"按钮。

3）单击"指定顶面"按钮，拾取如图 6-61 所示的阴影表面并单击"确定"按钮。

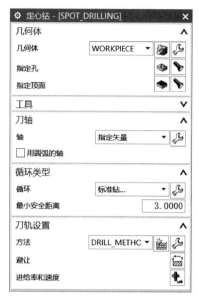

图 6-60 "定心钻"对话框

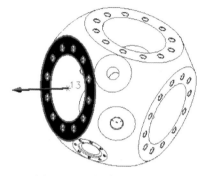

图 6-61 选择孔与矢量方向

4）在"刀轴"栏的"轴"下拉列表中选择"指定矢量"，拾取如图 6-61 所示的阴影表面，使刀轴矢量方向为该平面的法向（向外）。

5）单击图 6-60 中的"循环"按钮，设置循环组为"1"并单击"确定"按钮，设置深度为"刀尖深度"，定位深度为 3mm，单击"确定"按钮。

6）设置主轴转速为 2000r/min，切削进给率为 200mm/min。

7）单击"生成刀轨"按钮，生成如图 6-62 所示的大平面孔定位刀轨。

8）通过刀轨"变换"命令，生成如图 6-63 所示的其他两个大平面（绕工件坐标系原点旋转 120° 和 210°）孔定位刀轨。

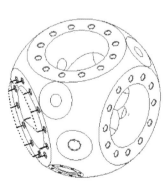

图 6-62 大平面孔定位刀轨

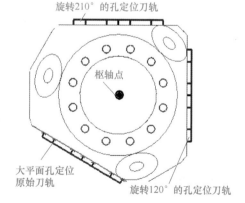

图 6-63 大平面孔定位刀轨变换

（2）D 向小平面孔定位

1）选中如图 6-64 所示"工序导航器"中的大平面孔定位程序 SPOT_DRILLING 并右

击，在弹出的浮动菜单中单击"复制"命令，在空白处右击，在弹出的浮动菜单中单击"粘贴"命令，复制出 `SPOT_DRILLING_COPY`，如图6-65所示。选中此程序并右击，在弹出的浮动菜单中单击"重命名"命令，将其重命名为 `SPOT_DRILLING_D`，如图6-66所示。

图6-64 复制孔定位刀轨

图6-65 粘贴孔定位刀轨

图6-66 重命名孔定位刀轨

2）双击 `SPOT_DRILLING_D`，系统弹出"定心钻"对话框，单击"指定孔"按钮 🖼，重新选取如图6-67所示的孔作为加工对象。单击"指定顶面"按钮 🖼，拾取如图6-67所示的阴影表面并单击"确定"按钮。单击"指定矢量"对应的按钮 🔧，选取如图6-67所示阴影表面的法向（向外）为刀轴矢量。

3）其他设置均不做改变，生成如图6-68所示的D向孔定位原始刀轨。

4）通过刀轨"变换"功能旋转D向孔定位原始刀轨，生成如图6-68所示的120°、240°方向上的另两个孔定位刀轨。

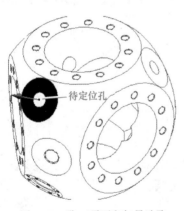

图6-67 孔、顶面和矢量选取

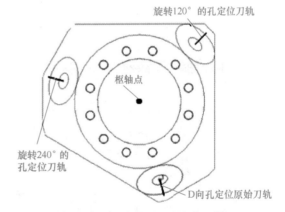

图6-68 D向小平面孔定位刀轨

（3）C向小平面孔定位 操作步骤与D向小平面孔定位相同，C向小平面孔定位完成后，按如图6-69所示调整和重命名"工序导航器"中的程序顺序与名称。

（4）定位刀轨与仿真 选中"工序导航器"中的 `PROGRAM` 并右击，在弹出的浮动菜单中单击"刀轨"命令，在弹出的二级浮动菜单中单击"确认"命令，进行2D动态仿真，实体仿真效果如图6-70所示。

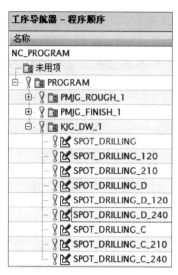

图 6-69　孔定位程序列表

图 6-70　孔定位实体仿真效果

4. 大平面孔系的加工

（1）钻 M14 螺纹底孔

1）单击"插入"工具栏中的"创建工序"按钮，在弹出的"创建工序"对话框中，设置"类型"为 drill，"工序子类型"为 ，"程序"为 KX_1，"刀具"为 DR12.4，"几何体"为 WORKPIECE，"方法"为 DRILL_METHOD，在"名称"文本框中输入"PECK_12.4"，如图 6-71 所示。单击"确定"按钮，系统弹出如图 6-72 所示对话框。

图 6-71　创建"钻螺纹底孔"工序

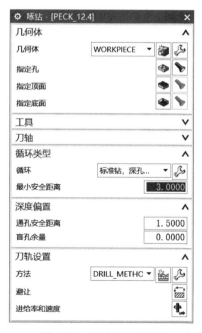

图 6-72　"啄钻"对话框

2）单击"指定孔"按钮 ，在弹出的"点到点几何体"对话框中单击"选择"按

钮，在弹出的"选择孔"对话框中，设置最大直径为 20mm（用于剔除 ϕ131.6mm 孔），然后单击"面上所有孔"按钮，拾取如图 6-61 所示的阴影表面并单击"确定"按钮。

3）单击"指定顶面"按钮 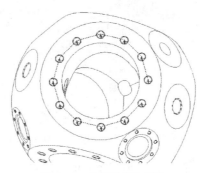，拾取如图 6-61 所示的阴影表面并单击"确定"按钮。

4）在"刀轴"栏的"轴"下拉列表中选择"指定矢量"，拾取如图 6-61 所示的阴影表面，使刀轴矢量方向为该平面的法向（向外）。

5）单击图 6-72 中的"循环"按钮 ，设置循环组为"1"并单击"确定"按钮确定，设置深度为"刀尖深度"，钻孔深度为 22mm，每刀钻孔深度为 3mm，单击"确定"按钮。

6）设置主轴转速为 1000r/min，切削进给率为 150mm/min。

7）单击"生成刀轨"按钮，生成如图 6-73 所示的钻螺纹底孔刀轨。

图 6-73　钻螺纹底孔刀轨

（2）攻 M14 螺纹孔

1）复制"工序导航器"中的 PECK_12.4，粘贴并重命名为 TAPPING_14，如图 6-74 所示。双击 TAPPING_14，系统弹出如图 6-75 所示对话框。

图 6-74　创建"攻螺纹"程序

图 6-75　"啄钻"对话框

2）在"刀具"下拉列表中选择刀具为 TAP14，在"循环"下拉列表中将循环方式更换为 标准攻丝...，设置深度为"刀尖深度"，钻孔深度为18mm，单击"确定"按钮。

3）设置主轴转速为100r/min，切削进给率为200mm/min（螺距为2mm）。

4）单击"生成刀轨"按钮，生成攻螺纹孔刀轨。

（3）钻 ϕ131.6mm 大孔

1）复制"工序导航器"中的 PECK_12.4，粘贴并重命名为 PECK_131.6_25，如图6-76所示。双击 PECK_131.6_25，系统弹出"啄钻"对话框。

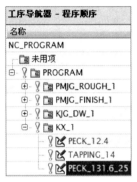

图 6-76　创建"预钻孔"程序

2）单击"指定孔"按钮 ，指定 ϕ131.6mm 大孔为待加工孔。

3）在"刀具"下拉列表中选择刀具为 DR25，单击"循环"按钮 ，设置深度为"刀尖深度"，钻孔深度为105mm，每刀钻孔深度为2mm，单击"确定"按钮。

4）设置主轴转速为260r/min，切削进给率为80mm/min。

5）单击"生成刀轨"按钮，生成钻大孔刀轨。

（4）螺旋铣 ϕ131.6mm 大孔

1）单击"插入"工具栏中的"创建工序"按钮，在弹出的"创建工序"对话框中，设置"类型"为 drill，"工序子类型"为 ，"程序"为 KX_1，"刀具"为 MI30，"几何体"为 WORKPIECE，"方法"为 MILL_ROUGH，如图6-77所示。单击"确定"按钮，系统弹出如图6-78所示的"孔铣"对话框。

2）单击"指定特征几何体"按钮 ，系统弹出如图6-79所示的"特征几何体"对话框，单击"选择对象"，拾取如图6-80所示阴影孔的内壁，并保证浮动坐标系的Z轴沿孔中心线向外。

3）在"特征几何体"对话框中，设置直径为130.6mm，深度为100mm，起始直径为25mm。

4）在图6-78所示对话框中，设置轴向螺距为刀具直径的5%，径向步距为刀具直径的80%。

5）设置主轴转速为3000r/min，切削进给率为1000mm/min。单击"生成刀轨"按钮，生成如图6-81所示的螺旋铣刀轨。

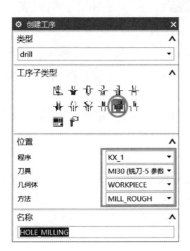

图 6-77 创建"螺旋铣"工序

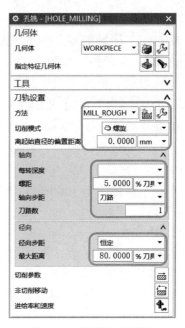

图 6-78 "孔铣"对话框

图 6-79 "特征几何体"对话框

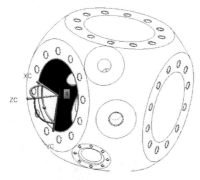

图 6-80 指定孔与浮动坐标系

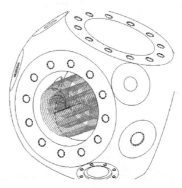

图 6-81 螺旋铣刀轨

（5）精镗 φ131.6mm 大孔

1）复制"工序导航器"中的 `PECK_131.6_25`，粘贴并重命名为 `BROING_131.6`。双击 `BROING_131.6`，系统弹出如图 6-82 所示的对话框。

2）在"刀具"下拉列表中选择刀具为 `BORING131.6`，在"循环"下拉列表中将循环方式更换为 `标准镗，横向偏置后快退...`。

3）单击"循环"按钮 ，指定退刀主轴定向角度为 90° 并单击"确定"按钮，设置循环组为"1"并单击"确定"按钮，设置深度为"刀尖深度"，镗孔深度为 108mm，孔底退刀方式为"自动"。

4）设置主轴转速为 1000r/min，切削进给率为 150mm/min。单击"生成刀轨"按钮，生成精镗刀轨。

（6）刀轨变换

1）如图 6-83 所示，在"工序导航器"中选取大平面孔系加工所有程序并右击，在弹出的浮动菜单中单击"对象"命令，在弹出的二级浮动菜单中单击"变换"命令，在系统弹出的"变换"对话框中，复制刀轨并旋转 120° 和 210°，结果如图 6-84 所示。

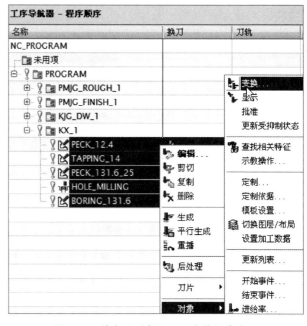

图 6-82 "啄钻"对话框

图 6-83 单击"对象"→"变换"命令

2）按图 6-85 所示，重命名并调整大平面孔系加工程序的名称和顺序。

5. 钻 φ25mm 孔

1）单击"插入"工具栏中的"创建工序"按钮，在弹出的"创建工序"对话框中，设置"类型"为 `drill`，"工序子类型"为 ，"程序"为 `K_25`，"刀具"为 `DR25`，"几何体"为 `WORKPIECE`，"方法"为 `DRILL_METHOD`，在"名称"文本框中输入"PECK_25"，单击"确定"按钮，系统弹出"啄钻"对话框。

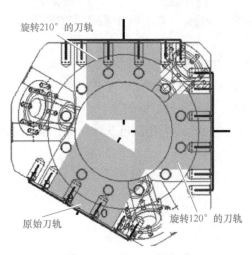

图 6-84　大平面孔系刀轨变换

```
PROGRAM
  PMJG_ROUGH_1
  PMJG_FINISH_1
  KJG_DW_1
  KX_1
    PECK_12.4
    PECK_12.4_120
    PECK_12.4_210
    TAPPING_14
    TAPPING_14_120
    TAPPING_14_210
    PECK_131.6_25
    PECK_131.6_25_120
    PECK_131.6_25_210
    HOLE_MILLING
    HOLE_MILLING_120
    HOLE_MILLING_210
    BORING_131.6
    BORING_131.6_120
    BORING_131.6_210
```

图 6-85　大平面孔系程序列表

2）单击"指定孔"按钮，选取如图 6-86 所示的孔作为加工对象；单击"指定顶面"按钮，拾取如图 6-86 所示的阴影表面并单击"确定"按钮；单击"指定矢量"对应的按钮，选取如图 6-86 所示阴影表面的法向（向外）为刀轴矢量。

3）单击"循环"按钮，设置深度为"刀尖深度"，钻孔深度为 85mm，每刀钻孔深度为 2mm，单击"确定"按钮。

4）设置主轴转速为 300r/min，切削进给率为 80mm/min。单击"生成刀轨"按钮，生成如图 6-87 所示的原始刀轨。

5）通过刀轨"变换"命令，生成如图 6-87 所示另两个平面（绕工件坐标系原点旋转120° 和 240°）的钻孔刀轨。旋转刀轨重命名为 PECK_25_120 和 PECK_25_240。

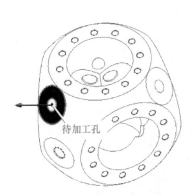

图 6-86　选取 D 向孔及刀轴矢量

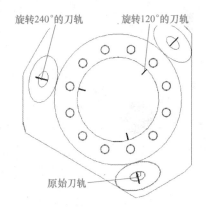

图 6-87　D 向孔系刀轨

6.M27 螺纹孔加工

（1）钻 M27 螺纹底孔

1）单击"插入"工具栏中的"创建工序"按钮，在弹出的"创建工序"对话框中，

227

设置"类型"为 drill，"工序子类型"为 ，"程序"为 M_27，"刀具"为 DR24，"几何体"为 WORKPIECE，"方法"为 DRILL_METHOD，在"名称"文本框中输入"PECK_24"。单击"确定"按钮，系统弹出"啄钻"对话框。

2）单击"指定孔"按钮 ，选取如图 6-88 所示的孔作为加工对象；单击"指定顶面"按钮 ，拾取如图 6-88 所示的阴影表面并单击"确定"按钮；单击"指定矢量"对应的按钮 ，选取如图 6-88 所示阴影表面的法向（向外）为刀轴矢量。

3）单击"循环"按钮 ，设置深度为"刀尖深度"，钻孔深度为 85mm，每刀钻孔深度为 2mm，单击"确定"按钮。

4）设置主轴转速为 260r/min，切削进给率为 80mm/min。单击"生成刀轨"按钮，生成刀轨。

（2）螺旋铣 M27 螺纹

1）单击"插入"工具栏中的"创建工序"按钮，在弹出的"创建工序"对话框中，设置"类型"为 drill，"工序子类型"为 ，"程序"为 M_27，"刀具"为 TH27，"几何体"为 WORKPIECE，"方法"为 MILL_FINISH，在"名称"文本框中输入"H_MILL_27"。单击"确定"按钮，系统弹出如图 6-89 所示的"孔铣"对话框。

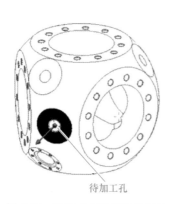

图 6-88　选取 C 向孔及刀轴矢量

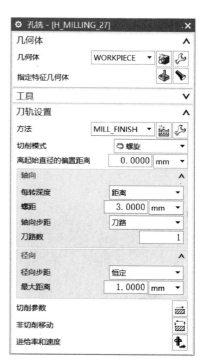

图 6-89　"孔铣"对话框

2）单击"指定特征几何体"按钮 ，系统弹出如图 6-90 所示的对话框，单击"选择对象"，拾取如图 6-91 所示的螺纹孔，浮动坐标系方向如图中所示。按图 6-90 所示，设置"直径"与"深度"。

3）如图 6-89 所示，设置轴向螺距为 3mm，径向步距最大为 1mm。

4）设置主轴转速为 500r/min，切削进给率为 100mm/min。单击"生成刀轨"按钮，生成刀轨。

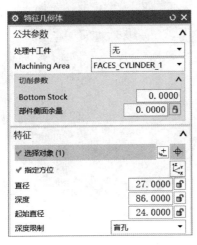

图 6-90　螺旋铣参数设置

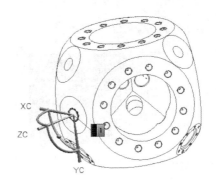

图 6-91　拾取螺纹孔

（3）刀轨变换

1）如图 6-92 所示，在"工序导航器"中选取 M27 螺纹孔加工的两个程序并右击，在弹出的浮动菜单中单击"对象"→"变换"命令，在系统弹出的"变换"对话框中，复制刀轨并绕枢轴点旋转 210° 和 240°，结果如图 6-93 所示。

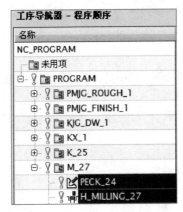

图 6-92　C 向孔系刀轨程序

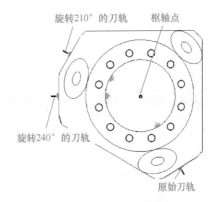

图 6-93　C 向孔系刀轨变换

2）按图 6-94 所示，重命名并调整 C 向孔系加工程序的名称和顺序。

3）选取"工序导航器"中的 PROGRAM 并右击，单击浮动菜单中的"刀轨"命令，在弹出的二级浮动菜单中单击"确认"命令，进行 2D 动态仿真，实体仿真效果如图 6-95 所示。

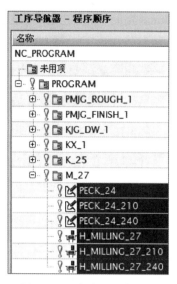

图 6-94　C 向孔系程序列表

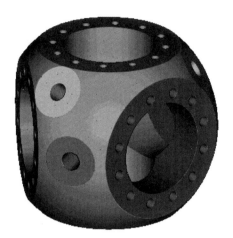

图 6-95　实体仿真效果

7. B 向平面及孔系加工

B 向平面及孔系的加工与 A 向大平面相似，主要包括铣平面、钻孔、铣孔、镗孔和攻螺纹等操作。其操作方法与步骤可参见之前的加工，此处不再赘述。

在进行 B 向平面及孔系的加工之前，工件需要掉头装夹，为能生成对应坐标系的加工程序，需在 NX 软件中进行坐标系的转换，其步骤如下：

1）单击"创建几何体"按钮 ，在弹出的如图 6-96 所示对话框中，设置"几何体子类型"为 ，"几何体"为 WORKPIECE，"名称"为 MCS_1。单击"确定"按钮，系统弹出如图 6-97 所示的"MCS"对话框。

图 6-96　"创建几何体"对话框

图 6-97　"MCS"对话框

2）单击"指定MCS"右侧的下三角按钮，选择"Z轴、Y轴、原点"  指定坐标系方式，依次拾取如图 6-98 所示的圆心、面 1、面 2，生成 MCS_1 坐标系。

3）坐标系转换之后，B 向平面和孔系的操作步骤与之前相同，具体操作可参见加工源文件 sample/answer/06/yyqf.prt。B 向平面和孔系的加工程序见 PROGRAM_1。液压球阀加工实体仿真效果如图 6-99 所示。

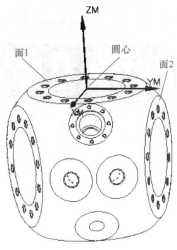

图 6-98　创建 MCS_1 坐标系

图 6-99　液压球阀加工实体仿真效果

项目 7　五轴联动加工工艺鼎

7.1　项目描述

打开加工源文件 sample/source/07/gyd.prt，完成如图 7-1 所示工艺鼎的加工，零件材料为 H95 黄铜。详细操作视频扫下方二维码。

图 7-1　工艺鼎

7.2　工艺设计

鼎的传统加工方法为铸造，铸造工艺的生产率较低，铸件的尺寸精度差，表面粗糙度值大。本项目介绍了在 NX CAM 环境下，工艺鼎的多轴加工方法。粗加工采用三轴定向、多轴偏置等方式；精加工采用三轴固定轮廓铣、曲面驱动、流线驱动、曲线 / 点驱动等方式。相对于传统铸造加工，此加工方式更灵活、精度更好、效率更高且适用范围更广泛。

因为工艺鼎的上、下两部分均有较为复杂的曲面和内凹区域，根据现有的一摆头一转台式德玛吉（DMU60 型）五轴（B+C）机床，需要分两次装夹完成工艺鼎的加工。

1. 工艺鼎上部加工

（1）粗加工方案　为快速去除余量，首先选用 D25R4 圆鼻刀沿 Z 轴方向进行定轴粗加工，内型腔无小半径凹槽，因此 D25R4 圆鼻刀可以加工至内型腔最底部；外部内凹处较多，并且小半径凹槽较小，故 D25R4 圆鼻刀只加工至耳朵根部即可，再往下加工能去除的余量不多且费时较长。

耳朵由小型腔及多处小半径凹槽组成，可选用 D6 键槽铣刀进行粗加工。刀具可沿 X 向定向粗加工。因为两只耳朵相对 YZ 平面呈镜向分布，所以只需生成一只耳朵的刀轨，另一只耳朵的刀轨可通过"变换"功能得到。

腰部由四个内凹区域和众文字组成，粗加工方案可选用圆鼻刀或键槽铣刀双向或四个方向的定轴完成，但由于其区域凹槽较多，这种粗加工方式去除余量效果不佳。此处推荐用 D6 球头刀，多轴联动结合刀路偏置的方式粗加工，这种开粗方式能比较均匀地去除残料，且效果较好。D6 球头刀粗加工完后，仍然留有较多残料，可用 R3 球头刀二次粗加工。

（2）精加工方案　工艺鼎的上半部分曲面主要分为三大块：凹槽型腔内部、耳部及腰部。其中，仅凹槽型腔内部曲面较光顺，其他曲面均由一些小碎片体组成。

精加工型腔内部采用的驱动方法为曲面驱动，刀具为 D12R4 圆鼻刀，因为其内部有 5° 的倒拔模角度，为避免刀具干涉，刀轴方向采用指向点。

耳部小碎面较多，不易统一加工，可分两大块进行。耳部正面可使用定轴轮廓曲面铣，刀轴方向沿 X 轴方向；耳部侧面的曲面相对光滑，可使用流线驱动，刀轴方向为远离点。刀具均为 R3 球头刀。

腰部文字较多，文字之间间隔较小，用 R1.5 球头刀精加工，驱动方法为曲面驱动，刀轴方向垂直于驱动曲面；校徽可用 R0.5 球头刀精雕，采用曲线/点驱动方法，刀轴垂直于驱动体。

2. 工艺鼎底部加工

粗加工时，为快速去除余量，首先选用 D25R4 圆鼻刀沿 Z 轴方向进行定轴粗加工，去除底部大部分余量。

精加工可分两部分进行，先用 R3 球头刀，采用五轴等高精加工，完成三根腿部曲面的精加工，刀轴方向为远离部件；再用 D16 立铣刀完成平面的精加工。

3. 毛坯选择与装夹方式

毛坯选用 φ106mm × 160mm 的铜棒，先加工工艺鼎上部，夹具选用自定心卡盘。工艺鼎上部加工完成后，形状如图 7-2 所示。工艺鼎底部的加工需使用专用夹具进行夹持，其装夹示意如图 7-3 所示。

图 7-2　工艺鼎上部加工结果

图 7-3　工艺鼎底部加工装夹示意

7.3　多轴联动简介

1. 可变轴加工子功能

进入 NX 加工界面后，单击"创建工序"按钮 ，在系统弹出的对话框中，设置"类型"为可变轴加工 mill_multi-axis ，工序子类型中可变轴的加工方式如图 7-4 所示。

图 7-4　可变轴加工工序创建

可变轴曲面轮廓铣简称变轴铣，广泛应用于四轴、五轴各种机型的辅助制造。适用于由轮廓曲面形成的区域加工，也可用于多轴开粗程序的生成。变轴铣通过精确控制投影矢量、驱动方法和刀轴，刀轨可沿着非常复杂的曲面轮廓移动。在如图 7-5 所示的曲面驱动方法中，首先在选定的驱动曲面上创建驱动点阵列，然后沿指定的投影矢量将其投影到部件表面上，刀具定位到部件表面上的接触点，当刀具从一个接触点移动到另一个时，可使用刀尖的"输出刀位置点"来创建刀轨。图 7-5 中，刀轴是可变的，并且定义为与驱动曲面垂直。

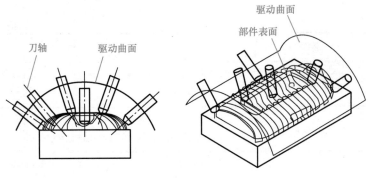

图 7-5   曲面驱动

不定义辅助驱动曲面时，可直接在选定的驱动表面上创建驱动点阵列，刀具将直接定义到已成为接触点的驱动点上，如图 7-6 所示。图 7-6 中，刀轴是可变的，并且定义为与驱动表面垂直。

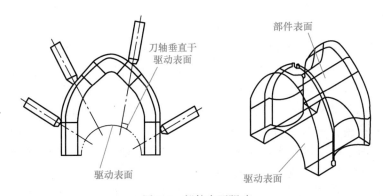

图 7-6   部件表面驱动

需要指出的是，可变轴曲面轮廓铣刀轨的产生过程与固定轴曲面轮廓铣刀轨的产生过程基本相同，不同的是，可变轴曲面轮廓铣中增加了刀具轴向的控制选项。

可变轴加工子类型图标、名称及说明见表 7-1。

表 7-1   可变轴加工子类型图标、名称及说明

图标	名称	说明
🖐	变轴铣	用于精加工曲面轮廓区域，通过精确控制刀轴和投影矢量，使刀具沿着非常复杂的曲面轮廓运动，通过驱动方法的选择，可实现流线、外形轮廓等多数可变轴铣功能
🖐	流线可变轴铣	变轴铣的一个子类型，其刀轨沿着区域的主曲线纹理生成，边界由交叉曲线来限制

（续）

图标	名称	说明
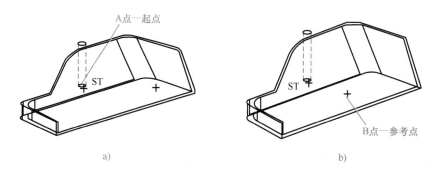	曲面轮廓铣	变轴铣的一个子类型，选择底面后，此功能可以使用刀具侧面加工带角度的壁
	固定轴曲面轮廓铣	基本的固定轴曲面轮廓铣操作，用于以各种驱动方法对轮廓或区域进行切削，刀轴可以设为用户定义的矢量
	深度加工 5 轴铣	类似于固定轮廓铣的陡峭区域加工，但此功能的默认刀轴侧倾方向为"远离部件"，侧倾角度可系统自动选择，也可由用户指定某一特定值
	顺序铣	通过一个表面到另一个表面的连续铣削，进行零件轮廓铣削，整个铣削对象由多个曲面切削序列组成
	一般运动	使用单独用户定义的运动和事件创建刀路，通过将刀具移动到每个子工序所要求的准确位置和方位来创建刀路

2. 顺序铣

顺序铣是较为特殊的可变轴铣子功能，主要用于精确加工零件的侧壁。

顺序铣是为连续加工一系列边缘相连的曲面而设计的加工方法。使用平面铣或型腔铣对曲面进行粗加工后，即可使用顺序铣对曲面进行精加工。在顺序铣中，主要通过设置进刀、连续加工、退刀和点到点移刀等一系列刀具运动，产生刀轨，并对机床进行 3 轴、4 轴或 5 轴联动的控制，从而使刀具准确沿曲面轮廓移动。

顺序铣中的加工由子操作组成，每个子操作都是单独的刀具运动，它们共同形成了完整的刀轨。第一个子操作使用"进刀运动"来创建从起点到最初切削位置的刀具运动。其后的子操作使用"连续刀轨运动"来创建从一个驱动曲面到下一个驱动曲面的切削序列，使用"退刀运动"来创建远离部件的非切削移动。使用"点到点运动"来创建退刀和进刀之间的移刀运动。其大致的操作流程如下。

首先确定刀具的起点位置，如图 7-7a 所示；再确定参考点，如图 7-7b 所示；最后分别确定如图 7-7c 所示的驱动曲面（用于引导刀具的侧面）、部件曲面（用于引导刀具的底部）、检查曲面（用于限制刀具位置），完成设置后，生成如图 7-7d 所示的进刀轨迹。

a)   b)

图 7-7　顺序铣的进刀设置

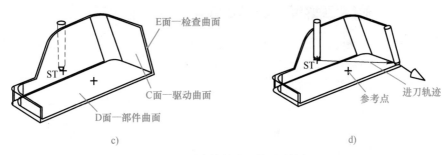

图 7-7　顺序铣的进刀设置（续）

如图 7-8a 所示，选择 F 面为驱动曲面，G 面为检查曲面，机床设置为 5 轴控制，生成切削 F 侧面的刀轨。继续选择图 7-8b 中的 H 面为驱动曲面，机床设置为 3 轴控制，生成切削 H 侧面的刀轨。设置从 J 点到 H 点的退刀轨迹，完成刀具退刀运动。

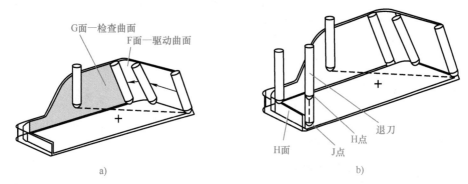

图 7-8　顺序铣的连续刀轨和退刀设置

3. 可变轴加工的刀轴控制

可变轴加工对话框中的驱动方法、投影矢量等与固定轴曲面轮廓铣相似，最大的区别在于可变轴加工可以对机床主轴的轴向进行控制，因此刀轴的控制是可变轴操作中的重中之重。在可变轴加工中，不同的驱动方法下，对刀轴的控制方式也不尽相同，其中曲面驱动和流线驱动方法下，刀轴的控制方式最为丰富。如图 7-9 所示，在曲面驱动方法下，系统提供了远离点、朝向点、远离直线等十多种刀轴控制方式。

（1）远离点　如图 7-10 所示，选择此选项后，系统弹出"点"对话框，可以创建或拾取一个聚集点，所有刀轴矢量均以该点为起点，指向刀具夹持器。

（2）朝向点　如图 7-11 所示，选择此选项后，系统弹出"点"对话框，可以创建或拾取一个聚集点，所有刀轴矢量均指向该点。

（3）远离直线　如图 7-12 所示，选择此选项后，系统弹出"直线定义"对话框，可以定义或选取一条直线为聚集线，刀轴矢量沿着聚焦线运动并与该线保持垂直，矢量方向从聚焦线离开并指向刀具夹持器。

（4）朝向直线　如图 7-13 所示，选择此选项后，系统弹出"直线定义"对话框，可以定义或选取一条直线为聚焦线，刀轴矢量沿着聚焦线运动并与该线保持垂直。

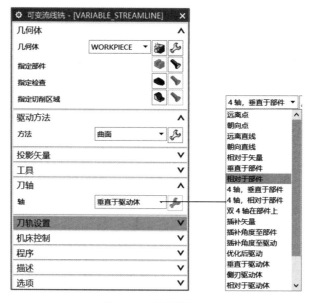

图 7-9　刀轴控制方式

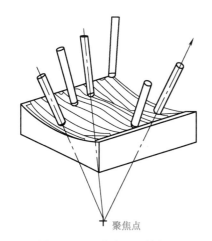

图 7-10　"远离点"刀轴矢量

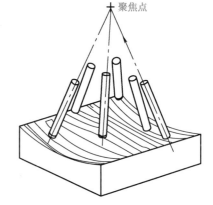

图 7-11　"朝向点"刀轴矢量

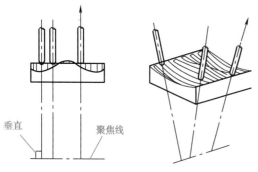

图 7-12　"远离直线"刀轴矢量

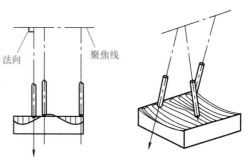

图 7-13　"朝向直线"刀轴矢量

（5）相对于矢量　如图 7-14 所示，选择此选项后，系统弹出"相对于矢量"对话框，可以定义或选取一个矢量，并设置刀具的前倾角、侧倾角与该矢量相关联。其中，前倾角定义了刀具沿刀轨方向前倾或后倾的角度，正前倾角表示刀具相对于刀轨方向向前倾斜，负前倾角表示刀具相对于刀轨方向向后倾斜。由于前倾角基于刀具的运动方向，因此往复切削模式将使刀具在单向刀路中向一侧倾斜，而在回转刀路中向相反的另一侧倾斜。侧倾角定义了刀具从一侧到另一侧的角度，正侧倾角将使刀具向右倾斜，负侧倾角将使刀具向左倾斜。与前倾角不同的是，侧倾角是固定的，它与刀具的运动方向无关。

（6）垂直于部件　如图 7-15 所示，选择此选项后，刀轴矢量将在每一个刀具与部件接触点处垂直于部件表面。

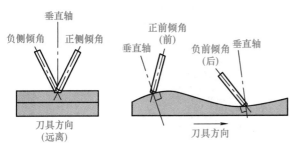
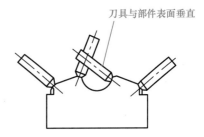

图 7-14　"相对于矢量"刀轴矢量　　　　　　　　　图 7-15　"垂直于部件"刀轴矢量

（7）相对于部件　如图 7-16 所示，选择此选项后，系统弹出"相对于部件"对话框，在此对话框中设置刀轴的前倾角和侧倾角与部件表面的法向矢量相关联，同时可设置其变化范围。其用法与"相对于矢量"相似。

（8）4 轴，垂直于部件　选择此选项后，系统弹出"4 轴，垂直于部件"对话框，可用来设置第 4 轴及其旋转角度，刀具绕着指定的轴旋转，并始终和部件表面垂直。

（9）4 轴，相对于部件　选择此选项后，系统弹出"4 轴，相对于部件"对话框，可用来设置第 4 轴及其旋转角度，同时可以设置刀轴的前倾角和侧倾角与该轴相关联。在 4 轴加工中，前倾角通常设置为 0°。

（10）双 4 轴在部件上　选择此选项后，系统弹出"双 4 轴在部件上"对话框，可用来设置第 4 轴及其旋转角度，同时可以设置刀轴的前倾角和侧倾角与该轴关联。另外，可以在切削和横越两个方向建立 4 轴运动，此方式是一种五轴加工，多用于往复式切削。

（11）插补矢量　选择此选项后，系统弹出"插补矢量"对话框，可以指定一系列点创建矢量来控制刀轴方向。

（12）优化后驱动　选择此选项后，系统弹出"优化后驱动"对话框，可以使刀轴的前倾角与驱动几何体的曲率相匹配，在凸起部分保持小的前倾角，以便去除更多的材料，在下凹区域中增大前倾角，防止刀根过切。

（13）垂直于驱动体　如图 7-17 所示，选择此选项后，刀轴矢量将在每一个接触点处与驱动曲面保持垂直。当部件表面曲率变化不规则时，为防止刀轴在运动过程中频繁、剧烈地摆动，可绘制辅助的驱动曲面用于控制刀轴矢量。

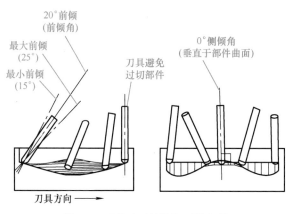

图 7-16 "相对于部件"刀轴矢量

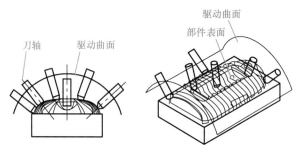

图 7-17 "垂直于驱动体"刀轴矢量

（14）侧刃驱动体　选择此选项后，系统弹出"侧刃驱动体"对话框，可以设置刀轴的侧倾角与驱动曲面的法向矢量相关联。

（15）相对于驱动体　选择此选项后，系统弹出"相对于驱动体"对话框，可以设置沿驱动面侧面移动的刀轴。此时，允许刀具的侧面切削驱动面，刀尖切削部件表面。

（16）4 轴，垂直于驱动体　选择此选项后，系统弹出"4 轴，垂直于驱动体"对话框，可用来设置第 4 轴及其旋转角度，刀具绕着指定的轴旋转，并始终和驱动面垂直。

（17）4 轴，相对于驱动体　选择此选项后，系统弹出"4 轴，相对于驱动体"对话框，可用来设置第 4 轴及其旋转角度，同时可以设置刀轴的前倾角和侧倾角与驱动面关联。

（18）双 4 轴在驱动体上　选择此选项后，系统弹出"双 4 轴在驱动体上"对话框，可用来设置第 4 轴及其旋转角度，同时可以设置刀轴的前倾角和侧倾角与驱动曲面相关联。另外，可以在切削和横越两个方向建立 4 轴运动，此方式是一种五轴加工，多用于往复式切削。

7.4　项目实施

工艺鼎结构较为复杂，需两次装夹，分别加工上部和底部。因为工艺鼎由众多曲面组成，且细节繁多复杂，为减少生成刀轨时的计算量，节省时间，可将工艺鼎简化为如图 7-18 所示的上部和如图 7-19 所示的底部进行加工。

图 7-18　工艺鼎上部

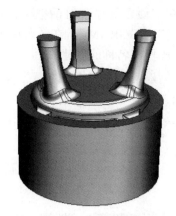

图 7-19　工艺鼎底部

7.4.1　工艺鼎上部加工

1. 创建父级组

（1）打开文件进入加工环境

1）打开加工源文件 sample/source/08/gyd_s.prt，如图 7-18 所示部件模型被调入系统。

2）单击主菜单栏"应用模块"中的"加工"图标 ，在弹出的"加工环境"对话框中选择"CAM 会话配置"为"cam_general"，"要创建的 CAM 组装"为"mill_contour"，单击"确定"按钮后进入加工环境。

（2）创建程序

1）单击"插入"工具栏中的"创建程序"按钮 ，系统弹出如图 7-20 所示的对话框，在"程序"下拉列表中选择"PROGRAM"，在"名称"文本框中输入程序名"rough_s_fixed"，单击"应用"按钮。

2）在如图 7-21 所示对话框中，选择"类型"为"mill_multi_axis"，在"程序"下拉列表中选择"PROGRAM"，在"名称"文本框中输入程序名"rough_s_variable"，单击"应用"按钮，继续创建程序名称为"finish_s_12""finish_s_6""finish_s_1"的三个曲面精加工程序。

图 7-20　创建"固定轴粗加工"程序

图 7-21　创建"可变轴加工"程序

3）在"创建程序"对话框中，选择"类型"为"mill_planar"，在"程序"下拉列表中选择"PROGRAM"，在"名称"文本框中输入程序名"finish_s_pm"，单击"确定"按钮，完成程序名称的创建。

（3）创建刀具 单击"插入"工具栏中的"创建刀具"按钮，在弹出的如图 7-22 所示"创建刀具"对话框中，设置"类型"为 **mill_contour**，"刀具子类型"为（MILL），在"名称"文本框中输入"D25R4"。单击"确定"按钮，在弹出的如图 7-23 所示对话框中设置刀具参数（刀具号为 1）。

注：多轴联动加工时，一般不能直观地观察刀柄与工件的干涉情况，故要在创建刀具时，对刀柄与夹持器进行定义。

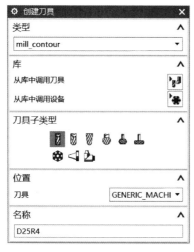

图 7-22 创建"D25R4"刀具

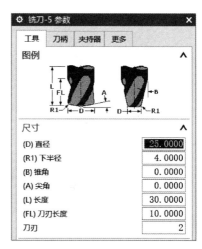

图 7-23 "D25R4"刀具参数设置

单击刀具参数对话框中的"刀柄"选项卡，弹出如图 7-24 所示的对话框，按图中所示设置相关参数。

单击"夹持器"选项卡，弹出如图 7-25 所示的对话框，按图中所示设置相关参数。

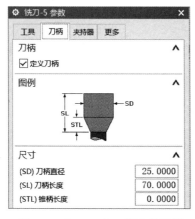

图 7-24 "D25R4"刀柄参数设置

图 7-25 "D25R4"夹持器参数设置

用相同的方法，完成表 7-2 中其他刀具的创建。

表 7-2　工艺鼎上部加工刀具表　　　　　　　　　　　　（单位：mm）

刀号	名称	类型	刀具参数				刀柄参数		夹持器	
			直径/下半径	长度/刃长	刀刃数		直径/长度	锥柄长	下直径/长度	上直径
1	D25R4	圆鼻刀	25/4	30/10	2 个		25/70	0	45/60	45
2	D12R4	圆鼻刀	12/4	20/6	2 个		12/80	0	30/60	30
3	D6	键槽铣刀	6	25/20	2 个		6/15	0	25/60	25
4	R3	球头刀	6	20/5	2 个		6/30	0	20/60	30
5	R1.5	球头刀	3	10/5	2 个		5/10	5	20/60	30
6	R0.5	球头刀	1	8/4	2 个		5/10	5	20/60	30

（4）创建几何体　坐标系与安全平面采用部件的默认设置，此处不做修改。

1）部件几何体设定。在工序导航器的空白处右击（若操作导航器自动隐藏未在工作界面中显示，可单击资源条中的"工序导航器"按钮 ），在弹出的快捷菜单中单击"几何视图"命令，双击坐标节点 MCS_MILL 下的 WORKPIECE 节点，系统弹出"几何体"对话框，单击"指定部件"按钮 ，系统弹出"部件几何体"对话框，单击选取工作界面中的实体模型，单击"确定"按钮完成部件几何体的创建。

2）毛坯几何体设定。单击"几何体"对话框中的"指定毛坯"按钮 ，系统弹出如图 7-26 所示的"毛坯几何体"对话框，按图中所示设置相关参数，单击"确定"按钮完成毛坯几何体的创建。

图 7-26　工艺鼎上部毛坯几何体的设置

2. 创建工序

（1）固定轴粗加工

1）D25R4 粗加工 1。单击"插入"工具栏中的"创建工序"按钮 ，在弹出的"创建工序"对话框中，设置"类型"为 mill_contour，"工序子类型"为 ，"程序"为 ROUGH_S_FIXED，"刀具"为 D25R4，"几何体"为 WORKPIECE，"方法"为 MILL_ROUGH，在"名称"文本框中输入 R_D25R4_1。单击"确定"按钮，系统弹出如图 7-27 所示的"型腔铣"对话框。

单击主菜单栏"视图"中的"图层设置"按钮 ，在弹出的如图 7-28 所示"图层设置"对话框中，选中图层 200 前的复选按钮，使该图层可见，调出如图 7-29 所示的辅助平面，并单击"确定"按钮。

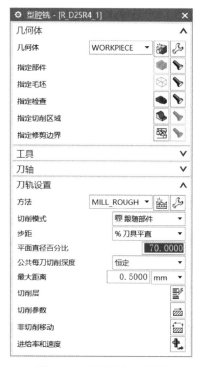

图 7-27 "型腔铣"对话框

图 7-28 "图层设置"对话框

单击"型腔铣"对话框中的"指定检查"按钮，拾取如图 7-29 所示的辅助平面作为检查几何体。单击"图层设置"按钮，在弹出的"图层设置"对话框中，取消选中图层 200 前的复选按钮，使该图层不可见。

按图 7-27 所示设置粗铣步距和每刀切削深度，单击"进给率和速度"按钮，设置主轴转速为 3000r/min，切削进给率为 1500mm/min。

单击"生成刀轨"按钮，生成如图 7-30 所示的工艺鼎型腔铣刀轨。

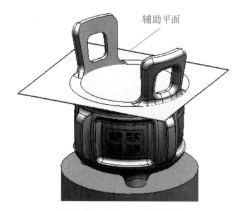

图 7-29 选取检查几何体

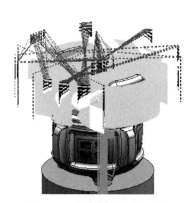

图 7-30 工艺鼎型腔铣刀轨

2）D25R4 粗加工 2。单击"插入"工具栏中的"创建工序"按钮，在弹出的"创建工序"对话框中，设置"工序子类型"为"剩余铣" ，在"名称"文本框中输入 `R_D25R4_2`，其他设置与"D25R4 粗加工 1"相同。单击"确定"按钮，系统弹出如图 7-31 所示的"剩余铣"对话框。

图 7-31　"剩余铣"对话框

单击主菜单栏"视图"中的"图层设置"按钮 ，在弹出的"图层设置"对话框中，选中图层 201 前的复选按钮，使该图层可见，调出如图 7-32 所示的辅助圆。

单击"剩余铣"对话框中的"指定修剪边界"按钮 ，拾取如图 7-32 所示的辅助圆作为修剪几何体（修剪侧为圆的外侧）。单击"图层设置"按钮 ，在弹出的"图层设置"对话框中，取消选中图层 201 前的复选按钮，使该图层不可见。

按图 7-31 所示设置刀具步距和每刀切削深度，其他设置与"D25R4 粗加工 1"相同。

单击"生成刀轨"按钮，生成如图 7-33 所示的工艺鼎剩余铣刀轨。

辅助圆

图 7-32　选取修剪边界

图 7-33　工艺鼎剩余铣刀轨

3）D6 粗加工。单击"插入"工具栏中的"创建工序"按钮，创建与"D25R4 粗加工 2"相同的"剩余铣"工序。在"刀具"下拉列表中选择 `D6`，在"名称"文本框中

输入 `R_D6_1`，其他设置与 "D25R4 粗加工 2" 相同。单击 "确定" 按钮，系统弹出如图 7-34 所示的 "剩余铣" 对话框。

单击主菜单栏 "视图" 中的 "图层设置" 按钮 ▦，在弹出的 "图层设置" 对话框中，选中图层 202 前的复选按钮，使该图层可见，调出如图 7-35 所示的辅助平面和辅助矩形。

图 7-34　工艺鼎 X 轴向 "剩余铣" 对话框

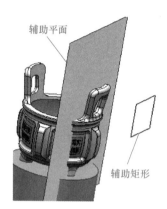

图 7-35　选取检查几何体与修剪边界

单击 "剩余铣" 对话框中的 "指定检查" 按钮 ▰，拾取如图 7-35 所示的辅助平面作为检查几何体；单击 "剩余铣" 对话框中的 "指定修剪边界" 按钮 ▨，拾取如图 7-35 所示的辅助矩形作为修剪边界（修剪侧为矩形的外侧）。单击 "图层设置" 按钮 ▦，取消选中图层 202 前的复选按钮，使该图层不可见。

在图 7-34 中设置刀具的轴向为 X 轴正方向，并按图中所示设置步距和每刀切削深度。设置主轴转速为 6000r/min，切削进给率为 1000mm/min。

单击 "生成刀轨" 按钮，生成如图 7-36 所示的 X 轴向剩余铣刀轨。

图 7-36　X 轴向剩余铣刀轨

4）刀轨变换。选中如图 7-37 所示"工序导航器"中的 R_D6_1 并右击，在弹出的浮动菜单中单击"对象"→"变换"命令，系统弹出如图 7-38 所示的"变换"对话框。

图 7-37　刀轨变换浮动菜单

图 7-38　"变换"对话框

选择变换类型为"绕点旋转"，拾取如图 7-39 所示的圆心为枢轴点，设置旋转角度为180°，结果为"复制"，单击"确定"按钮后，生成如图 7-39 所示旋转 180° 的刀轨。

在"工序导航器"中将旋转产生的新刀轨重命名为 R_D6_2，切换导航器界面为如图 7-40 所示的程序顺序视图，选中 ROUGH_S_FIXED 并右击，在弹出的浮动菜单中，单击"刀轨"命令，在弹出的二级浮动菜单中单击"确认"命令，进行 2D 动态仿真。固定轴粗加工实体仿真效果如图 7-41 所示。

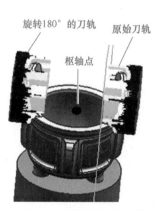

图 7-39　X 向开粗刀轨变换

图 7-40　"刀轨确认"浮动菜单

图 7-41　固定轴粗加工实体仿真效果

（2）可变轴粗加工

1）R3 球头刀粗加工。单击"插入"工具栏中的"创建工序"按钮，在弹出的"创建工序"对话框中，设置"类型"为 mill_multi-axis，"工序子类型"为 ✎，"程序"为 ROUGH_S_VARIABLE，"刀具"为 R3，"几何体"为 WORKPIECE，"方法"为 MILL_ROUGH，在"名称"文本框中输入 R_R3。单击"确定"按钮，系统弹出如图 7-42 所示的"可变轮廓铣"对话框。

单击主菜单栏"视图"中的"图层设置"按钮，选中图层 203 前的复选按钮，使该图层可见，调出如图 7-43 所示的驱动曲面。

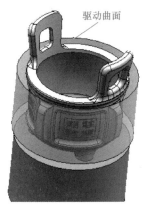

图 7-42 "可变轮廓铣"对话框 　　　　　图 7-43 选择驱动曲面

在"可变轮廓铣"对话框中，驱动方法选择"曲面"，后单击右侧的"编辑"按钮，系统弹出"曲面区域驱动方法"对话框。按图 7-44 所示序号，指定"驱动曲面""切削方向""材料侧"，并完成驱动参数设置。单击"图层设置"按钮，取消选中图层 203 前的复选按钮，使该图层不可见。

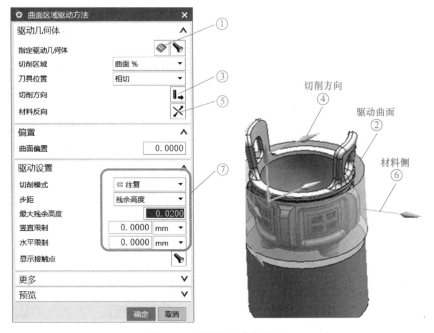

图 7-44 曲面驱动参数设置

在"可变轮廓铣"对话框中，设置投影矢量为"刀轴"，刀轴方向为"垂直于驱动体"，单击"切削参数"按钮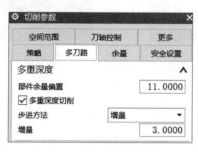，系统弹出的"切削参数"对话框，按图 7-45 所示设置"多刀路"选项卡。

设置主轴转速为 6000r/min，切削进给率为 1500mm/min。单击"生成刀轨"按钮，生成如图 7-46 所示的"R3 可变轴粗铣"刀轨。

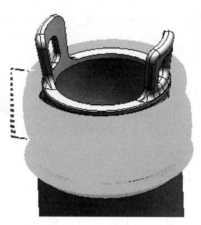

图 7-45　多重切削参数设置　　　　　图 7-46　"R3 可变轴粗铣"刀轨

2）R1.5 球头刀粗加工。如图 7-47 所示，在"工序导航器"的"程序顺序"界面中，复制程序"R_R3"并粘贴在其下方，将粘贴的程序重命名为"R_R1.5"。

双击 R_R1.5 ，在弹出的如图 7-48 所示对话框中，选择 R1.5 球头刀作为当前加工刀具。单击"切削参数"按钮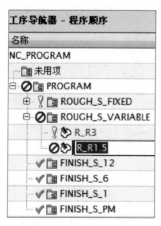，按图 7-49 所示设置"多刀路"选项卡，取消"多重深度切削"。

图 7-47　创建"R1.5 可变轴粗铣"程序　　　图 7-48　"R1.5 可变轴粗铣"参数设置

在如图 7-48 所示的"刀轨设置"中，选择半精加工 MILL_SEMI_FINISH 为加工方法。设置主轴转速为 8000r/min，切削进给率为 1500mm/min。单击"生成刀轨"按钮，生成如图 7-50 所示的"R1.5 可变轴粗铣"刀轨。

可变轴粗加工后，进行 2D 动态仿真，实体仿真效果如图 7-51 所示。

图 7-49　取消"多重深度切削"

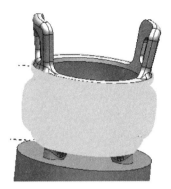

图 7-50　"R1.5 可变轴粗铣"刀轨

图 7-51　可变轴粗加工实体仿真效果

（3）腔体精加工

1）腔体上部精加工。单击"插入"工具栏中的"创建工序"按钮，在弹出的"创建工序"对话框中，设置"类型"为 mill_multi-axis，"工序子类型"为 ，"程序"为 FINISH_S_12，"刀具"为 D12R4，"几何体"为 WORKPIECE，"方法"为 MILL_FINISH，在"名称"文本框中输入 F_D12R4_1，单击"确定"按钮，系统弹出如图 7-52 所示的对话框。

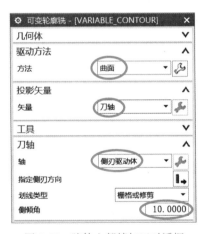

图 7-52　腔体上部精加工对话框

在"可变轮廓铣"对话框中，驱动方法选择"曲面"后单击右侧的"编辑"按钮 ，系统弹出"曲面区域驱动方法"对话框。按图 7-53 所示序号，指定"驱动曲面""切削方向""材料侧"，并完成驱动参数设置。单击"确定"按钮，返回"可变轮廓铣"对话框。

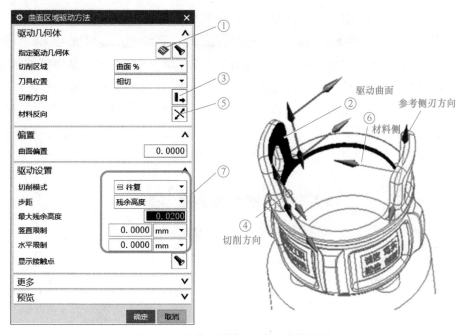

图 7-53 腔体上部精加工驱动参数设置

在"可变轮廓铣"对话框中,设置投影矢量为"刀轴",刀轴方向为"侧刃驱动体",单击"指定侧刃方向"按钮，拾取如图 7-53 所示的参考侧刃方向,设置侧倾角为 10°。

设置主轴转速为 6000r/min,切削进给率为 1000mm/min。单击"生成刀轨"按钮,生成如图 7-54 所示的腔体上部精加工刀轨(为便于观察,图中放大了刀轨步距,之后的精加工刀轨也做了相同的处理)。

2)腔体腰部精加工。复制"工序导航器"中的 F_D12R4_1 并粘贴在其下方,将粘贴的程序重命名为 F_D12R4_2。双击 F_D12R4_2,系统弹出"可变轮廓铣"对话框,驱动方法选择"曲面"后,单击右侧的"编辑"按钮，系统弹出"曲面区域驱动方法"对话框,删除原有的驱动曲面,拾取如图 7-55 所示的腔体腰部曲面,其他选项设置参见"腔体上部精加工"。单击"生成刀轨"按钮，生成如图 7-56 所示的腔体腰部精加工刀轨。

图 7-54 腔体上部精加工刀轨

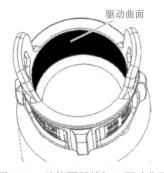

图 7-55 腔体腰部精加工驱动曲面

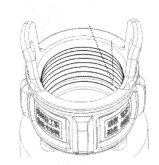

图 7-56 腔体腰部精加工刀轨

3）腔体圆角和底部精加工。复制"工序导航器"中的 `F_D12R4_2` 并粘贴在其下方，将粘贴的程序重命名为 `F_D12R4_3`。双击 `F_D12R4_3`，系统弹出"可变轮廓铣"对话框，驱动方法选择"曲面"后，单击右侧的"编辑"按钮，系统弹出"曲面区域驱动方法"对话框，删除原有的驱动曲面，拾取如图 7-57 所示的腔体圆角曲面，其他设置不变。

在"可变轮廓铣"对话框中，选取刀轴方向为"朝向点"，如图 7-58 所示。单击"指定点"按钮，在弹出的"点"对话框中输入坐标（0，0，300），其他设置不变。单击"生成刀轨"按钮，生成如图 7-59 所示的腔体圆角精加工刀轨。

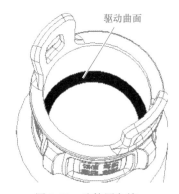

图 7-57 腔体圆角精加工驱动曲面

图 7-58 腔体圆角精加工刀轴矢量

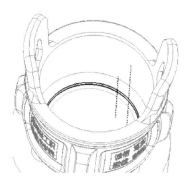

图 7-59 腔体圆角精加工刀轨

复制"工序导航器"中的 `F_D12R4_3` 并粘贴在其下方，将粘贴的程序重命名为 `F_D12R4_4`。双击 `F_D12R4_4`，系统弹出"可变轮廓铣"对话框，驱动方法选择"曲面"后，单击右侧的"编辑"按钮，删除原有的驱动曲面，拾取如图 7-60 所示的腔体底部曲面，其他设置不变。单击"生成刀轨"按钮，生成如图 7-61 所示的腔体底部精加工刀轨。

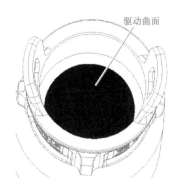

图 7-60 腔体底部精加工驱动曲面

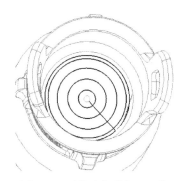

图 7-61 腔体底部精加工刀轨

（4）耳部精加工

1）耳部正面精加工。单击"插入"工具栏中的"创建工序"按钮，在弹出的"创建工序"对话框中，设置"类型"为 `mill_contour`，"工序子类型"为，"程序"为 `FINISH_S_6`，"刀具"为 `D6`，"几何体"为 `WORKPIECE`，"方法"为 `MILL_FINISH`，在"名称"

文本框中输入 F_D6_1。单击"确定"按钮，系统弹出如图 7-62 所示的"固定轮廓铣"对话框。

单击"指定切削区域"按钮，拾取如图 7-63 所示的曲面集为切削区域。

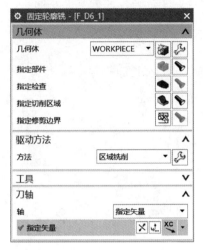

图 7-62 腔体耳部"固定轮廓铣"对话框

切削区域

图 7-63 腔体耳部固定轮廓铣曲面选取

在图 7-62 中，驱动方法选择"区域铣削"后，单击右侧的"编辑"按钮，系统弹出如图 7-64 所示的"区域铣削驱动方法"对话框，按图中所示设置相关参数。

在图 7-62 中，从"轴"下拉列表中选取"指定矢量"，指定 X 轴正方向为刀轴矢量。设置主轴转速为 8000r/min，切削进给率为 1000mm/min。单击"生成刀轨"按钮，生成如图 7-65 所示的腔体耳部固定轮廓铣刀轨。

图 7-64 腔体耳部固定轮廓铣驱动参数设置

图 7-65 腔体耳部固定轮廓铣刀轨

2）耳部侧面精加工。单击"插入"工具栏中的"创建工序"按钮，在弹出的"创建工序"对话框中，设置"类型"为 mill_multi-axis，"工序子类型"为 🎯，在"名称"文本框中输入 F_D6_2。单击"确定"按钮，系统弹出如图 7-66 所示的"可变流线铣"对话框。

单击"指定切削区域"按钮，拾取如图 7-67 所示的曲面集为切削区域，单击"流线"方法对应的"编辑"按钮🔧，系统弹出如图 7-68 所示的"流线驱动方法"对话框。驱动曲线的选择方法为"指定"，按图 7-69 所示设置流曲线和交叉曲线。其余各参数按图 7-68 所示设置。

图 7-66　腔体耳部"可变流线铣"对话框

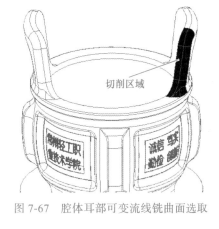

图 7-67　腔体耳部可变流线铣曲面选取

图 7-68　"流线驱动方法"对话框

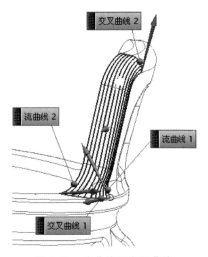

图 7-69　流曲线和交叉曲线

在"可变流线铣"对话框中，设置刀轴方向为"远离点"，单击"指定点"按钮🖱️，在弹出的"点"对话框中输入坐标（40，–15，–100）。设置主轴转速为 8000r/min，切削进给率为 1000mm/min。单击"生成刀轨"按钮，生成如图 7-70 所示流线驱动刀轨。

3）刀轨变换。在"工序导航器"中选中 F_D6_2 并右击，在弹出的浮动菜单中单击"对象"命令，在弹出的二级菜单中单击"变换"命令，在弹出的"变换"对话框中，按图 7-71 中的序号，生成镜像刀轨，将新生成的操作重命名为 F_D6_3 。

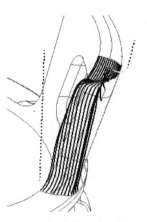

图 7-70　流线驱动刀轨

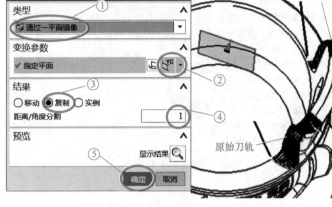

图 7-71　流线驱动刀轨镜像

在"工序导航器"中同时选中 F_D6_1、F_D6_2、F_D6_3 并右击，在弹出的浮动菜单中单击"对象"命令，在弹出的二级菜单中单击"变换"命令，在弹出的"变换"对话框中，按图 7-72 中的序号，生成另一侧耳部精加工刀轨。

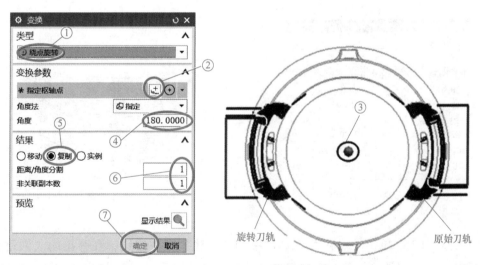

图 7-72　流线驱动刀轨旋转

（5）腰部精加工

1）腰部轮廓精加工。如图 7-73 所示，在"工序导航器"中选中 ROUGH_S_VARIABLE 程序组中的 R_R1.5 并右击，在弹出的浮动菜单中单击"复制"命令，选中 FINISH_S_1 程序组并右击，在弹出的浮动菜单中单击"内部粘贴"命令，并将粘贴后的程序重命名为 F_R0.5_1。

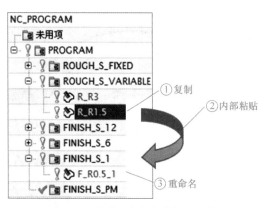

图 7-73　创建腰部轮廓精加工程序

图 7-74　腰部轮廓精加工"可变轮廓铣"对话框

双击 `F_R0.5_1`，弹出如图 7-74 所示的对话框，在"刀具"下拉列表中修改当前刀具为 `R0.5`，设置刀轨方法为"精加工" `MILL_FINISH`。驱动方法选择"曲面"后，单击右侧的"编辑"按钮，按图 7-75 所示设置相关参数。

设置主轴转速为 12000r/min，切削进给率为 1500mm/min。单击"生成刀轨"按钮，生成如图 7-76 所示的腰部轮廓精加工刀轨。

图 7-75　腰部轮廓精加工参数设置

图 7-76　腰部轮廓精加工刀轨

2）雕刻加工。单击"插入"工具栏中的"创建工序"按钮，在弹出的"创建工序"对话框中，设置"类型"为 `mill_contour`，"工序子类型"为 ，"程序"为 `FINISH_S_1`，"刀具"为 `R0.5`，"几何体"为 `WORKPIECE`，"方法"为 `MILL_FINISH`，在"名称"文本框中输入 `F_R0.5_2`。单击"确定"按钮，系统弹出如图 7-77 所示的"固定轮廓铣"对话框。

单击主菜单栏"视图"中的"图层设置"按钮，在弹出的"图层设置"对话框中，选中图层 204 前的复选按钮，使该图层可见，调出如图 7-78 所示的校标图案。

图 7-77 雕刻加工"固定轮廓铣"对话框

图 7-78 雕刻校标

在"固定轮廓铣"对话框中，驱动方法选择"曲线/点"后，单击右侧的"编辑"按钮，系统弹出如图 7-79 所示的对话框。单击"选择曲线"按钮，拾取如图 7-80 所示的驱动组（每一段封闭曲线为一个驱动组，因文字和数字过小，不做选取）。拾取完成后，单击"图层设置"按钮，取消选中图层 204 前的复选按钮，使该图层不可见。

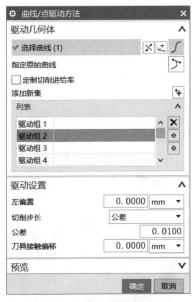

图 7-79 "曲线/点驱动方法"对话框

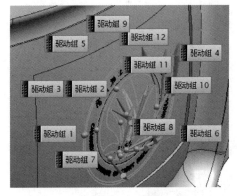

图 7-80 选取曲线组

在"固定轮廓铣"对话框中，刀轴方向为"指定矢量"，拾取如图 7-81 所示的曲面法向为刀轴矢量。单击"切削参数"按钮，按图 7-82 所示设置部件余量。

设置主轴转速为 12000r/min，切削进给率为 1500mm/min。单击"生成刀轨"按钮，生成如图 7-83 所示的雕刻刀轨。

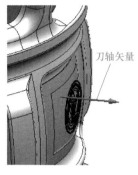

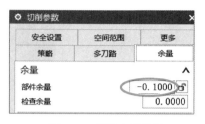

图 7-81　刀轴矢量　　　　　　　图 7-82　部件余量设置　　　　　　图 7-83　雕刻刀轨

（6）平面精加工　单击"插入"工具栏中的"创建工序"按钮，在弹出的"创建工序"对话框中，设置"类型"为 mill_planar，"工序子类型"为 ，"程序"为 FINISH_S_PM，"刀具"为 D12R4，"几何体"为 WORKPIECE，"方法"为 MILL_FINISH，在"名称"文本框中输入 F_D12R4_5。单击"确定"按钮，系统弹出如图 7-84 所示的"底壁加工"对话框。

单击"指定切削区底面"按钮 ，拾取如图 7-85 所示的平面区域为加工对象。按图 7-84 所示设置刀轨参数。

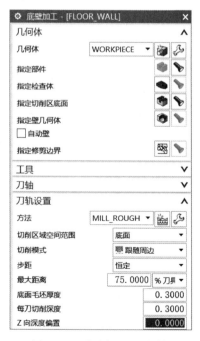

图 7-84　"底壁加工"对话框

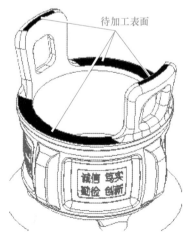

图 7-85　拾取平面

设置主轴转速为6000r/min，切削进给率为300mm/min。单击"生成刀轨"按钮，生成如图7-86所示的平面精加工刀轨。

工艺鼎的上部加工完成之后，实体效果如图7-87所示。

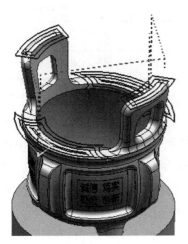
图7-86 平面精加工刀轨

图7-87 工艺鼎上部实体效果

7.4.2 工艺鼎底部加工

1. 创建父级组

（1）打开文件进入加工环境

1）打开加工源文件 sample/source/08/gyd_d.prt，如图7-19所示部件模型被调入系统。

2）单击主菜单栏"应用模块"中的"加工"图标 ⚒，在弹出的"加工环境"对话框中选择"CAM会话配置"为"cam_general"，"要创建的CAM组装"为"mill_contour"，单击"确定"按钮后进入加工环境。

（2）创建程序

1）单击"插入"工具栏中的"创建程序"按钮 📄，系统弹出"创建程序"对话框，在"程序"下拉列表中选择"PROGRAM"，在"名称"文本框中输入程序名"rough_d_fixed"，单击"应用"按钮。

2）在"创建程序"对话框中，选择"类型"为"mill_multi_axis"，在"程序"下拉列表中选择"PROGRAM"，在"名称"文本框中输入程序名"finish_d_variable"，单击"应用"按钮。

3）在"创建程序"对话框中，选择"类型"为"mill_planar"，在"程序"下拉列表中选择"PROGRAM"，在"名称"文本框中输入程序名"finish_d_pm"，单击"确定"按钮，完成程序名称的创建。

（3）创建刀具 创建表7-3中的刀具，其操作步骤与工艺鼎上部刀具创建相同。

表 7-3　工艺鼎底部加工刀具表　　　　　　　　　　　　　　　（单位：mm）

刀号	名称	类型	刀具参数			刀柄参数		夹持器	
			直径 / 下半径	长度 / 刃长	刀刃数	直径 / 长度	锥柄长	下直径 / 长度	上直径
1	D25R4	圆鼻刀	25/4	30/10	2 个	25/70	0	45/60	45
2	D16	立铣刀	16	40/40	2 个	16/40	0	30/60	30
3	R3	球头刀	6	20/5	2 个	6/40	0	20/60	30

（4）创建几何体　坐标系与安全平面采用部件的默认设置，此处不做修改。

1）部件几何体设定。在工序导航器的空白处右击（若操作导航器自动隐藏未在工作界面中显示，可单击资源条中的"工序导航器"按钮 ），在弹出的快捷菜单中单击"几何视图"命令，双击坐标节点 ⊕ `MCS_MILL` 下的 `WORKPIECE` 节点，系统弹出"几何体"对话框，单击"指定部件"按钮 ，系统弹出"部件几何体"对话框，单击选取工作界面中的实体模型，单击"确定"按钮完成部件几何体的创建。

2）毛坯几何体设定。单击"几何体"对话框中的"指定毛坯"按钮 ，系统弹出如图 7-88 所示的"毛坯几何体"对话框，按图中所示设置相关参数，因底部顶面前道工序为锯床加工，故 Z 向预留较大余量。单击"确定"按钮完成毛坯几何体的创建。

图 7-88　工艺鼎底部毛坯几何体的设置

2. 创建工序

（1）D25R4 粗加工　单击"插入"工具栏中的"创建工序"按钮，在弹出的"创建工序"对话框中，设置"类型"为 `mill_contour`，"工序子类型"为 ，"程序"为 `ROUGH_S_FIXED`，"刀具"为 `D25R4`，"几何体"为 `WORKPIECE`，"方法"为 `MILL_ROUGH`，在"名称"文本框中输入 `r_D25R4_d1`。单击"确定"按钮，系统弹出如图 7-89 所示的"型腔铣"对话框。

按图 7-89 所示设置粗铣步距和每刀切削深度。设置主轴转速为 5000r/min，切削进给率为 1500mm/min。单击"生成刀轨"按钮，生成如图 7-90 所示的工艺鼎底部粗加工刀轨。

（2）R3 球头刀五轴等高精加工　单击"插入"工具栏中的"创建工序"按钮，在弹出的"创建工序"对话框中，设置"类型"为 `mill_multi-axis`，"工序子类型"为 ，

"程序"为 FINISH_D_VARIABLE，"刀具"为 R3，"几何体"为 WORKPIECE，"方法"为 MILL_FINISH，"名称"文本框中输入 F_R3_d1。单击"确定"按钮，系统弹出如图 7-91 所示的"深度加工 5 轴铣"对话框。

图 7-89　工艺鼎底部"型腔铣"对话框

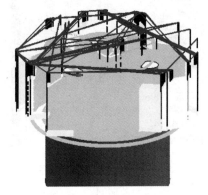

图 7-90　工艺鼎底部粗加工刀轨

　　单击主菜单栏"视图"中的"图层设置"按钮，在弹出的"图层设置"对话框中，选中图层 200 前的复选按钮，使该图层可见，调出如图 7-92 所示的辅助平面，并单击"确定"按钮。

　　单击"深度加工 5 轴铣"对话框中的"指定检查"按钮，拾取如图 7-92 所示的辅助平面作为检查几何体。单击"图层设置"按钮，取消选中图层 200 前的复选按钮，使该图层不可见。

　　按图 7-91 所示设置相关切削参数，设置主轴转速为 80000r/min，切削进给率为 1500mm/min。单击"生成刀轨"按钮，生成如图 7-93 所示的五轴等高精加工刀轨（为便于观察，图中放大了刀轨步距）。

　　（3）平面精加工　单击"插入"工具栏中的"创建工序"按钮，在弹出的"创建工序"对话框中，设置"类型"为 mill_planar，"工序子类型"为，"程序"为 FINISH_D_PM，"刀具"为 D16，"几何体"为 WORKPIECE，"方法"为 MILL_FINISH，在"名称"文本框中输入 F_D16_d1。单击"确定"按钮，系统弹出"底壁加工"对话框。

　　单击"指定切削区底面"按钮，拾取如图 7-94 所示的平面区域为加工对象。刀轨参数设置与工艺鼎上部平面精加工相同。

　　设置主轴转速为 8000r/min，切削进给率为 500mm/min。单击"生成刀轨"按钮，生成如图 7-95 所示的底部平面精加工刀轨。

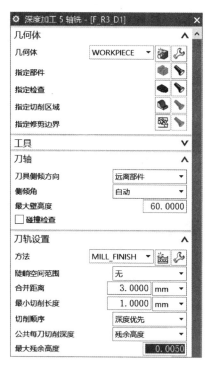

图 7-91 "深度加工 5 轴铣"对话框

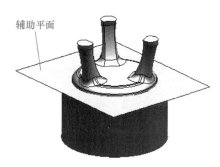

图 7-92 选取检查几何体

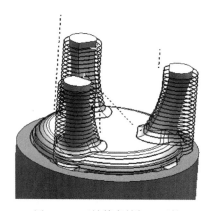

图 7-93 五轴等高精加工刀轨

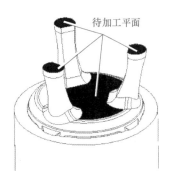

图 7-94 选取底部平面

图 7-95 底部平面精加工刀轨

工艺鼎最终实体效果如图 7-96 所示。

图 7-96　工艺鼎最终实体效果

项目 8　叶轮的加工

8.1　项目描述

打开加工源文件 sample/source/08/yl.prt，完成如图 8-1 所示叶轮的加工，零件材料为 2A12 铝合金。详细操作视频扫下方二维码。

图 8-1　叶轮

8.2　工艺设计

叶轮主要由轮毂、主叶片、分流叶片（有些叶轮只有主叶片，没有分流叶片）、叶根圆角等结构组成，叶轮的加工主要是针对这些结构的粗、精加工。在生成叶轮刀轨时，为确定叶轮的加工范围还需指定辅助的叶片包覆。

1.毛坯选择与工件装夹

叶轮的加工大多选用五轴联动的加工中心来完成。若直接将选用的圆柱形棒料安装在五轴加工中心上进行加工，则去除残料占用高档机床的时间较长，导致成本过高。故叶轮的毛坯一般可先在数控车床上去除大部分残料，加工成如图 8-2 所示的半成品，再安装到五轴联动的加工中心上进行加工。

　　叶轮在五轴联动机床上的装夹，大多采用两种形式。当叶轮尺寸较小时，可直接用自定心卡盘进行装夹，加工完叶轮主体部分后，再去掉卡盘夹持的下端圆柱部分；当叶轮尺寸较大时，可通过叶轮中心的孔和底平面实现一个短圆柱销和一个大平面的定位，在上部用螺栓和螺母进行夹紧。因本例叶轮中心已有加工好的中心孔，故选择第二种装夹方式。

2. 粗加工方案

　　叶轮在五轴加工中心的粗加工方案一般为定轴开粗。为便于粗加工刀轨的生成，减少计算量，一般创建如图 8-3 所示的辅助毛坯与叶轮本体一起作为毛坯几何体。叶轮本体作为部件几何体，刀具可通过两或三个方向进行开粗，快速去除残料。

图 8-2　叶轮毛坯

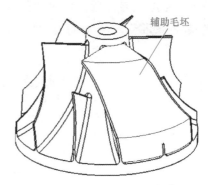

图 8-3　叶轮加工毛坯几何体

　　NX 软件的叶轮加工模块也提供了五轴开粗加工方法，只需指定轮毂、主叶片、分流叶片、叶根圆角、叶片包覆等部件结构，系统将自动生成五轴粗加工刀轨。

　　与五轴模块化开粗相比，定轴开粗操作相对较烦琐，但刀具选用相对灵活，并且切削过程中刀具一直是定轴方式，故整体刚性较好。五轴模块化开粗操作简洁，但切削过程中刀具一直处于变轴方式，刚性较差，刀具磨损也较快，故一般情况下不建议采用。

　　本例中选用 φ5mm 的键槽铣刀，使用固定轮廓铣沿两个方向对叶轮进行开粗。首先沿如图 8-4a 所示的 S1 方向进行粗加工，去除大部分余量，再沿如图 8-4b 所示的 S2 方向进行残料粗加工，去除剩余残料。

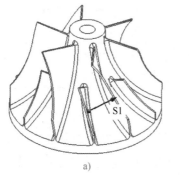

a)

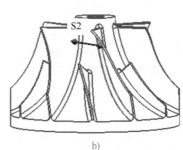

b)

图 8-4　叶轮定向粗加工矢量选取

3. 精加工方案

叶轮的精加工主要针对四个区域：轮毂、主叶片、分流叶片和叶根圆角。轮毂、主叶片、分流叶片部分选用 R2mm 的球头刀进行加工，叶根圆角采用 R1.5mm 的球头刀进行加工。精加工方案选用 NX 软件提供的模块化功能。

8.3　叶轮模块简介

1. 叶轮加工子功能

进入 NX 加工界面后，单击"创建工序"按钮 ，在系统弹出的对话框中，"类型"选择 mill_multi_blade ，工序子类型如图 8-5 所示。叶轮加工子类型图标、名称及说明见表 8-1。

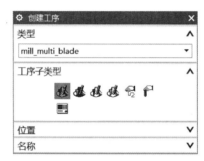

图 8-5　叶轮加工工序创建

表 8-1　叶轮加工子类型图标、名称及说明

图标	名称	说明
	可变轴叶轮粗加工	通过指定的轮毂、主叶片、分流叶片、叶根圆角、叶片包覆等部件，生成可变轴的叶轮粗加工程序
	轮毂精加工	通过指定的轮毂、主叶片、分流叶片、叶根圆角、叶片包覆等部件，生成可变轴的叶轮底面（轮毂）的精加工程序
	叶片精加工	通过指定的轮毂、主叶片、分流叶片、叶根圆角、叶片包覆等部件，生成可变轴叶轮主叶片或分流叶片（可选）的精加工程序
	叶根圆角精加工	通过指定的轮毂、主叶片、分流叶片、叶根圆角、叶片包覆等部件，生成可变轴叶轮叶片底部（叶根）圆角的精加工程序

2. 叶轮的结构

进入叶轮加工模块后，系统弹出如图 8-6 所示的"多叶片粗加工"对话框，叶轮的加工主要是定义轮毂、主叶片、分流叶片、叶根圆角、叶片包覆五个几何体。

图 8-6　"多叶片粗加工"对话框

（1）轮毂　轮毂几何体可以由一个曲面或一组曲面组成，它必须能够绕叶轮部件轴旋转。轮毂处于叶片的下方，必须至少在叶片的前缘和后缘之间延伸，也可超出叶片的前缘和后缘，可以环绕整个叶轮，也可以仅覆盖叶轮的一部分。

（2）主叶片　主叶片是叶轮中大叶片的壁，不包含叶冠和底部圆角面，位于轮毂上方。若部件不包含圆角面，叶片和轮毂之间也可留出缝隙，但轮毂和叶片之间的缝隙不得大于刀具半径。主叶片的范围不可超过轮毂。

（3）分流叶片　分流叶片是叶轮中的小叶片，在叶轮工作时，用于分流空气或液体。分流叶片包含小叶片的壁面和圆角面，指定时必须位于选定主叶片的右侧。两个主叶片之间最多只能有五个分流叶片。即使多个分流叶片的几何体相同，每个分流叶片也必须单独进行定义。必须为每个分流叶片创建新集，并按照从左至右的顺序指定多个分流叶片。

（4）叶根圆角　叶根圆角是主叶片的底部圆角，即主叶片和轮毂之间的圆弧过渡几何体。

（5）叶片包覆　叶片包覆可由主叶片的叶冠边界绕叶轮轴线旋转生成，用于确定毛坯范围，同时由于要驱动叶轮加工模块，所以它必须是光滑的曲面。叶片包覆必须能覆盖整个叶片，必要时可沿两端边界进行延伸。

8.4　项目实施

8.4.1　创建父级组

1. 打开文件进入加工环境

1）打开加工源文件 sample/source/08/yl.prt，如图 8-1 所示的部件模型被调入系统。

2）单击主菜单栏"应用模块"中的"加工"图标 ，在弹出的"加工环境"对话框中选择"CAM 会话配置"为"cam_general"，"要创建的 CAM 组装"为 mill_multi_blade，单击"确定"按钮后进入加工环境。

2. 创建程序

单击"插入"工具栏中的"创建程序"按钮 ，在弹出的如图 8-7 所示对话框中，设置"程序"为"PROGRAM"，在"名称"文本框中输入程序名"rough_yl"，单击"应用"按钮创建叶轮粗加工程序。继续创建轮毂精加工程序" finish_yg"、主叶片精加工程序" finish_zyp"、分流叶片精加工程序" finish_flyp",叶根圆角精加工程序" finish_ylyj"。

图 8-7　创建叶轮粗加工程序

3. 创建刀具

叶轮加工时，因刀具是五轴联动，所以不能直观地观察刀柄与工件的干涉情况，故要在创建刀具时，对刀柄与夹持器进行定义。创建表 8-2 中的刀具，详细操作步骤可参考项目 7。

表 8-2　叶轮加工刀具表　　　　　　　　　　　　　　　　　　　　（单位：mm）

刀号	名称	类型	刀具参数				刀柄参数		夹持器	
			直径/下半径	长度/刃长		刀刃数	直径/长度	锥柄长	下直径/长度	上直径
1	D5	键槽铣刀	5	30/25		2 个	5/20	0	25/60	25
2	R2	球头刀	4	20/4		2 个	4/20	0	25/60	25
3	R1.5	球头刀	3	20/4		2 个	5/20	10	25/60	25

4. 创建几何体

坐标系与安全平面采用部件的默认设置，此处不做修改。

1）在工序导航器的空白处右击（若操作导航器自动隐藏未在工作界面中显示，可单击资源条中的"工序导航器"按钮 ），在弹出的快捷菜单中单击"几何视图"命令，双击坐标节点 ⊕ MCS_MILL 下的 WORKPIECE 节点，系统弹出"几何体"对话框，单击"指定部件"按钮 ，系统弹出"部件几何体"对话框，单击选取工作界面中的叶轮模型作为部件几何体。

2）单击主菜单栏"视图"中的"图层设置"按钮 ，在弹出的"图层设置"对话框中，选中图层 201 前的复选按钮，使该图层可见，调出如图 8-3 所示的辅助毛坯。单击"指定毛坯"按钮 ，拾取叶轮模型和辅助毛坯作为毛坯几何体。单击"图层设置"按钮 ，在弹出的"图层设置"对话框中，取消选中图层 201 前的复选按钮，使该图层不可见。

3）单击"创建几何体"按钮 ，按图 8-8 所示设置系统弹出的"创建几何体"对话框，单击"确定"按钮，系统弹出如图 8-9 所示的"多叶片几何体"对话框。

图 8-8　创建叶轮几何体设置

图 8-9　"多叶片几何体"对话框

4）单击"指定轮毂"按钮，拾取如图 8-10 所示的曲面作为轮毂曲面。

5）单击主菜单栏"视图"中的"图层设置"按钮，在弹出的"图层设置"对话框中，选中图层 200 前的复选按钮，使该图层可见，调出如图 8-11 所示的辅助曲面。

图 8-10　选取轮毂曲面

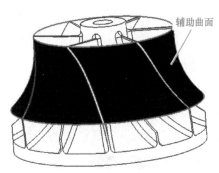

图 8-11　选取包覆曲面

6）单击"指定包覆"按钮，拾取如图 8-11 所示的辅助曲面作为包覆曲面。单击"图层设置"按钮，取消选中图层 200 前的复选按钮，使该图层不可见。

7）单击"指定叶片"按钮，拾取如图 8-12 所示的曲面作为主叶片曲面。

8）单击"指定叶根圆角"按钮，拾取如图 8-13 所示主叶片下的圆角作为叶根圆角几何体。

图 8-12　选取主叶片曲面

图 8-13　选取叶根圆角

9）单击"指定分流叶片"按钮 ，拾取如图 8-14 所示的曲面作为分流叶片曲面。

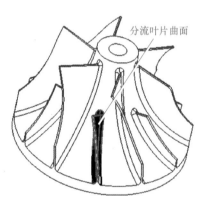

图 8-14　选取分流叶片曲面

8.4.2　叶轮加工

1. 叶轮粗加工

1）单击"插入"工具栏中的"创建工序"按钮，在弹出的"创建操作"对话框中，设置"类型"为 mill_contour，"工序子类型"为 ，"程序"为 ROUGH_YL，"刀具"为 D5，"几何体"为 WORKPIECE，"方法"为 MILL_ROUGH，在"名称"文本框中输入 R_D5_1。单击"确定"按钮，系统弹出如图 8-15 所示的"型腔铣"对话框。

2）在刀轴下拉列表中选取"指定矢量"，按图 8-4a 所示指定矢量 S1 方向为刀轴方向。

3）按图 8-15 所示设置步距和公共每刀切削深度。单击"进给率和速度"按钮 ，设置主轴转速为 8000r/min，切削进给率为 1000mm/min。单击"生成刀轨"按钮 ，生成如图 8-16 所示的型腔铣刀轨。

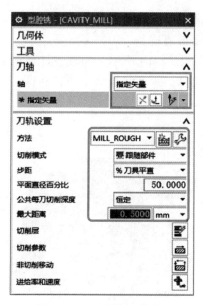

图 8-15　"型腔铣"对话框

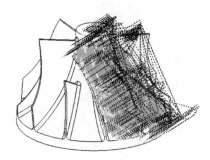

图 8-16　型腔铣刀轨

4）单击"插入"工具栏中的"创建工序"按钮，在弹出的"创建工序"对话框中，设置"类型"为 mill_contour，"工序子类型"为"剩余铣" ，在"名称"文本框中输入 REST_D5_1，其他设置与型腔铣相同。单击"确定"按钮，系统弹出如图 8-17 所示的"剩余铣"对话框。

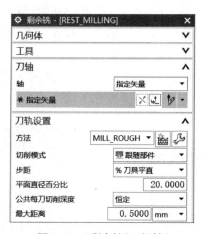

图 8-17　"剩余铣"对话框

5）在刀轴下拉列表中选取"指定矢量"，按图 8-4b 所示指定矢量 S2 方向为刀轴方向。

6）按图 8-17 所示设置步距和每刀切削深度。单击"进给率和速度"按钮，设置主轴转速为 8000r/min，切削进给率为 1000mm/min。单击"生成刀轨"按钮 ，生成如图 8-18 所示的剩余铣刀轨。

7）在工序导航器中选中 R_D5_1 和 REST_D5_1 并右击，在弹出的浮动菜单中单击"对象"命令，在弹出的二级浮动菜单中单击"变换"命令，旋转生成其他五个区域的叶轮粗加工刀轨。刀轨变换在之前项目中反复使用，此处不再赘述。

8）粗加工后进行 2D 动态仿真，实体仿真效果如图 8-19 所示（为减少计算量和更有效地控制刀轨，仅对六分之一的区域设置了毛坯几何体，因此仿真效果也仅在这一个区域内显示，但对程序生成和零件加工不构成任何影响）。

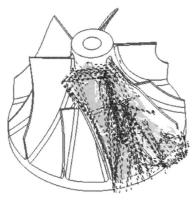

图 8-18　剩余铣刀轨

图 8-19　粗加工实体仿真效果

2. 轮毂精加工

1）单击"插入"工具栏中的"创建工序"按钮，在弹出的"创建工序"对话框中，设置"类型"为 mill_multi_blade，"工序子类型"为"轮毂精加工" ，"程序"为 FINISH_YG，"刀具"为 R2，"几何体"为 MULTI_BLADE_GEOM，"方法"为 MILL_FINISH，在"名称"文本框中输入 F_YG_R2_1。单击"确定"按钮，系统弹出如图 8-20 所示的"轮毂精加工"对话框。

2）单击"轮毂精加工"对话框中驱动方法下拉列表中的"编辑"按钮 ，按如图 8-21 所示设置系统弹出的"轮毂精加工驱动方法"对话框。

图 8-20　"轮毂精加工"对话框

图 8-21　轮毂精加工参数设置

3）设置主轴转速为 10000r/min，切削进给率为 1500mm/min。单击"生成刀轨"按

钮 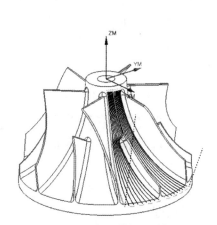，生成如图 8-22 所示的轮毂精加工刀轨（为便于观察，图中放大了刀轨步距）。通过刀轨的变换功能生成其他几个区域的轮毂精加工刀轨。

3. 主叶片精加工

1）单击"插入"工具栏中的"创建工序"按钮，在弹出的"创建工序"对话框中，设置"类型"为 mill_multi_blade，"工序子类型"为"叶片精加工"，"程序"为 FINISH_ZYP，"刀具"为 R2，"几何体"为 MULTI_BLADE_GEOM，"方法"为 MILL_FINISH，在"名称"文本框中输入 F_ZYP_R2_1。单击"确定"按钮，系统弹出如图 8-23 所示的"叶片精加工"对话框。

图 8-22　轮毂精加工刀轨

图 8-23　"叶片精加工"对话框

2）单击"叶片精加工"对话框中驱动方法下拉列表中的"编辑"按钮，按如图 8-24 所示设置系统弹出的"叶片精加工驱动方法"对话框。

3）设置主轴转速为 10000r/min，切削进给率为 1000mm/min。单击"生成刀轨"按钮，生成如图 8-25 所示的主叶片精加工刀轨。通过刀轨的变换功能生成其他几个主叶片的精加工刀轨。

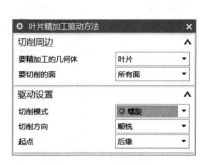

图 8-24　主叶片精加工参数设置

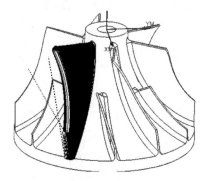

图 8-25　主叶片精加工刀轨

4. 分流叶片精加工

分流叶片精加工的操作方法与主叶片相同，只需按图 8-26 所示设置"叶片精加工驱动方法"对话框。分流叶片精加工刀轨如图 8-27 所示。通过刀轨的变换功能生成其他几个分流叶片的精加工刀轨。

图 8-26　分流叶片精加工参数设置

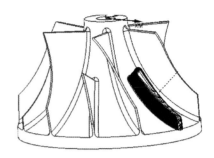

图 8-27　分流叶片精加工刀轨

5. 叶根圆角精加工

1）单击"插入"工具栏中的"创建工序"按钮，在弹出的"创建工序"对话框中，设置"工序子类型"为"叶根圆角精加工" ，"程序"为 FINISH_YLYJ，"刀具"为 R1.5，在"名称"文本框中输入 F_YLYJ_R1.5_1，其他设置与"主叶片精加工"相同。单击"确定"按钮，系统弹出如图 8-28 所示的"圆角精加工"对话框。

2）单击"圆角精加工"对话框中驱动方法下拉列表中的"编辑"按钮 ，按如图 8-29 所示设置系统弹出的"圆角精加工驱动方法"对话框。

图 8-28　"圆角精加工"对话框

图 8-29　叶根圆角精加工参数设置

3）设置主轴转速为 10000r/min，切削进给率为 1000mm/min。单击"生成刀轨"按钮 ，生成如图 8-30 所示的叶根圆角精加工刀轨。通过刀轨的变换功能生成其他几个叶根圆角的精加工刀轨。

叶轮最终实体仿真效果如图 8-31 所示。

图 8-30　叶根圆角精加工刀轨　　　　　　图 8-31　叶轮最终实体仿真效果

附录 作业与练习

附录 A 三维设计部分

完成图 A-1 ～图 A-8 所示零件的三维设计。

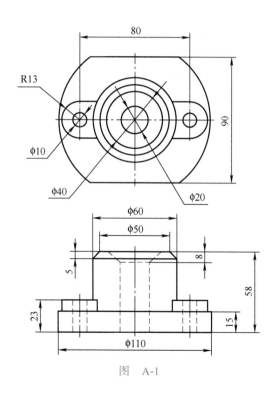

图 A-1

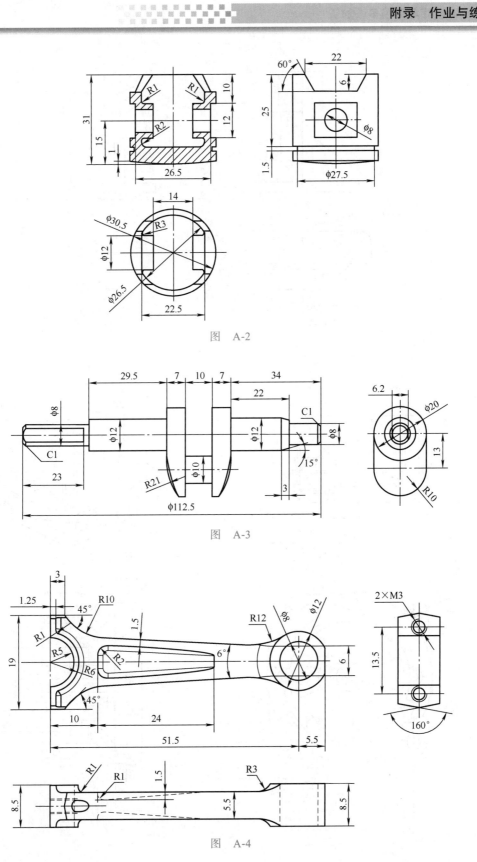

图　A-2

图　A-3

图　A-4

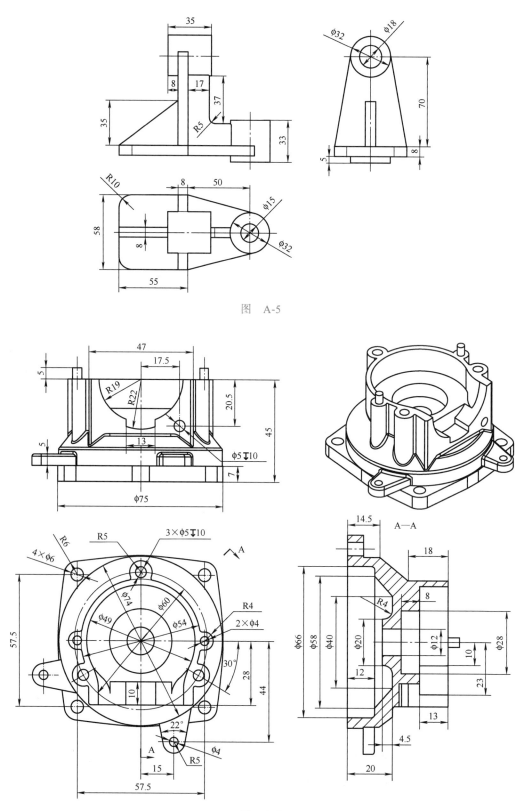

图　A-5

图　A-6

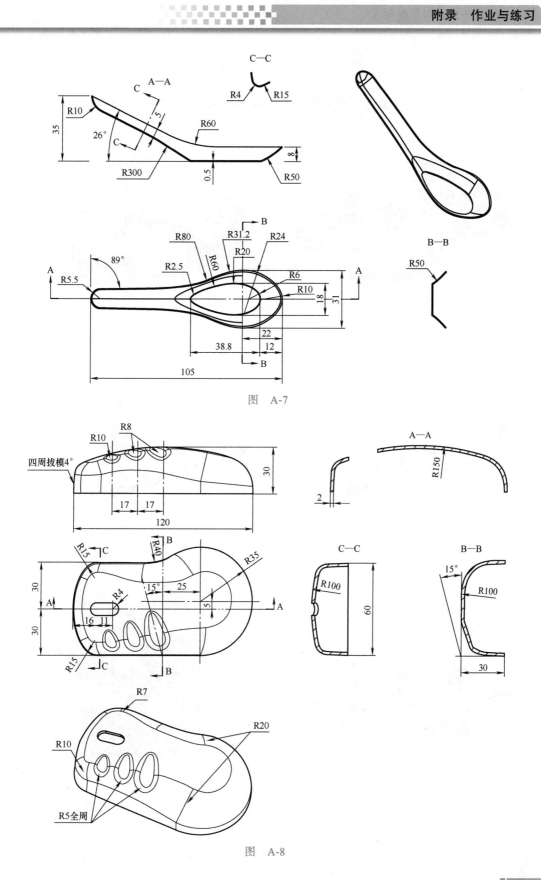

图　A-7

图　A-8

附录 B 数控加工部分

完成图 B-1～图 B-8 所示零件的数控加工（部件通过机工教育网下载）。

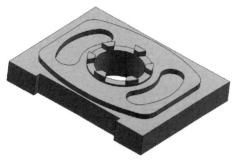

图 B-1

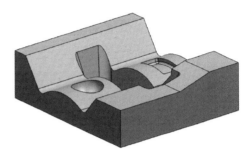

图 B-2

图 B-3

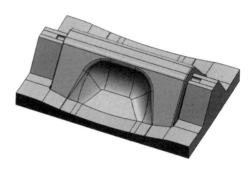

图 B-4

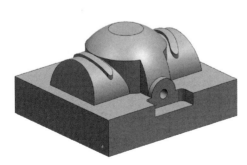

图 B-5

图 B-6

图 B-7

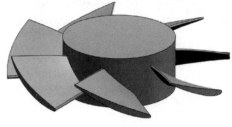

图 B-8

参 考 文 献

[1]　虞俊，宋书善，黄俊刚 . UG NX 数控多轴铣削加工实例教程 [M]. 北京：机械工业出版社，2015.

[2]　袁锋 . UG NX 机械设计实例教程 [M]. 北京：清华大学出版社，2006.

[3]　虞俊 . UG NX 5.0 数控造型与加工 [M]. 北京：中国电力出版社，2010.

[4]　刘向阳 . UG NX 4.0 CAD 详解教程：中文版 [M]. 北京：清华大学出版社，2007.

[5]　陈丽华，庞雨花，刘江 . UG NX 12.0 产品建模实例教程 [M]. 北京：电子工业出版社，2020.